作者簡介

曾國棟　原著・口述

一九八〇年與友人合資創立友尚，從一個純貿易商的角色，轉型為代理商，再擴大規模成為電子零組件通路商。二〇〇〇年成為台灣第一家上市的通路公司，二〇〇九年營收突破千億，二〇一〇年底加入大聯大控股。大聯大控股現為全球最大半導體零組件通路商。

現任大聯大控股永續長、友尚集團董事長，曾參與經濟部中小企業處「創業A+行動計畫」、中小企業總會「二代大學」、全國創新創業總會、AAMA台北搖籃計劃等組織，擔任輔導新創與企業的導師。

創業初期便立下了「無私分享」的人生目標，非常重視教育訓練，遂從一九九九年開始著手整理歷年來的實務心得，陸續累積約六十萬字，並依課題分門別類，整理成三本《分享》系列教材，作為內部教育訓練之用，並擷取部分內容編成《讓上司放心交辦任務的CSI工作術》《比專業更重要的隱形競爭力》《王者業務力》《想成功，先讓腦袋就定位》四書。

二〇一九年十二月，秉持「分享」初心，邀集三十多位成功企業家，創立中華經營智慧分享協會（簡稱智享會或MISA），並擔任首屆理事長。企業家們透過分享及輔導，將他們的經營智慧予以傳承，同時數位化。

另著有《商學院沒教的三十堂創業課》《管理者每天精進一%的決策躍升思維》《工作者每天精進一%的持續成長思維》，其中，「管理者」一書榮獲經濟部中小企業處一一〇年度金書獎（經營管理類）。

李知昂　採訪整理

IＣ之音．竹科廣播創意總監。曾獲三座廣播金鐘獎、第一屆倪匡科幻獎小說組並列首獎、第一屆第三波奇幻文學獎首獎。

目錄 CONTENTS

推薦序
掌握決勝點的關鍵細節

朱志洋／友嘉集團總裁

本書作者曾國棟董事長，在一九八〇年創立友尚集團，二〇〇〇年成為台灣第一家上市的電子零組件通路公司，二〇一〇年加入大聯大控股，出任副董事長。創業初期便立下了「無私分享」的人生目標，非常重視教育訓練，從一九九五年開始著手整理歷年來的實務心得，著書無數，以分享提攜後進，曾董的前一本書《管理者每天精進一%的決策躍升思維》獲得經濟部中小企業處「二〇一〇年度金書獎」（經營管理類），堅定了他分享的心志，並完成這本新書《關鍵決勝力》。

他這本新書《關鍵決勝力》從五個構面：經營管理篇、人才組織篇、創新服務篇、職場觀念態度篇及職場技能篇，帶領讀者學習非常多重要的在決勝點的關鍵細節。

本書一開始，曾董事長提到英文的victory，在中文翻譯成「勝利」，但是中文的「勝利」在《孫子兵法》當中，卻可分成四個象限：有勝有利，無勝有利，有勝無利，無勝無利。一般人可能認為「有勝有利」是最好的，其實不然，「無勝有利」才是最好的，無論做生意或打仗，最後的目的是什麼？是為了「利」！如果能夠得利，何必一定要「勝」呢？因為「勝」，可能要花很大的力氣去打仗，或在商場上與人相爭。最後，當然你也是贏了，可是你要投入非常多的資源與時間，勞民傷財。「無勝有利」才是最高境界，類似於「不戰而屈人之兵」，才是兵法的上上之策。

曾董事長也鼓勵用「教練式引導」來激發團隊做創意的腦力激盪，當提案太多的時候，可以運用「三分之一加一」的方法。例如想到二十一點提案，可以先除以三，再加一，得到八，也就是選出最重要、最可行的八項。如果還是太多，就再除以三之後加一，得出四項，這四項就是我們的優先行動方案。

關於專業經理人時常需要做的簡報，曾董事長也提醒簡報頁數不在於多，而是要牢記「Magic 7」法則。就是用十五分鐘的時間，做七頁的簡報，正負不超過兩頁，也就是每份簡報扣除封面，控制在五頁到九頁之間。而簡報最好能一體兩用，既符合對方的需求，也表達我方的訴求，或是用七成頁數，來滿足對方，三成提出己方訴求。而且要提供充分的理由，說服對方埋單。

有關企業該如何分配利潤以創造最大的效益，曾董事長提出了台語的「三七仔」概念，「三七仔」指的是賺佣金的人，三七仔介紹生意給我，獲利他占三成，我占七成。從這個傳統比例來看，公司賺一百塊，員工分三十塊，其它七十塊給出資金的人，是合理而平衡的。相信這個規則存在已久，應該是平衡的，才會流傳下來，所以曾董事長也一直秉持這個大原則，分配三成利潤給員工。

我們友嘉集團過去四十年來，透過併購與合資，目前在全球有九十五家公司，遍布德國、瑞士、法國、義大利、美國、俄羅斯、印度、泰國、台灣、日本、韓國及中國大陸等地，包括與全球知名企業的十七家合資公司。擁有三十七個國際知名品牌，總和歷史超過三千年，當中有九個百年以上的品牌。

過去很多企業主，受限於併購成功的比例只有三〇％，而對併購裹足不前，其實併購是企業提升自己技術量能、擴大市場、進行轉型的大好機會。企業主不懂外文沒關係，只要懂人，不懂技術沒關係，只要懂數字，藉由汲取併購的策略實務與前人的經驗、並且量力而為，謀定而後動，即可透過重組、整合來產生新的綜效，創造雙贏。

我對於曾董事長在這本書中所提到的幾個觀念，特別是「數字」是客觀的執行關鍵，我個人非常地認同。曾董事長提出，掌握「數字」能力是升遷關鍵，當能記得關鍵數字，掌握統計資料，並運用它進行決策與判斷，這些能力對公司的價值是極高的。對上，向老闆報告的效率最高，讓你成為老闆心目中的第一流人才。對供應商與客戶，也可以迅速反應，碰到問題，即使沒時間翻資料或問屬下，也能說出最重要的數字，對答如流，讓對方覺得你進入狀況，更願意跟你談……。

對於想學習決勝點的關鍵細節的人，相信閱讀這本書，應該會有很多的收穫。

推薦序

做好關鍵細節，提升執行力與策略思考力

何飛鵬／城邦媒體集團首席執行長

繼《管理者每天精進一％的決策躍升思維》與《工作者每天精進一％的持續成長思維》之後，曾國棟又補上一塊拼圖，出版了這本《關鍵決勝力》，希望能傳承經驗，幫助讀者在職場上更成功。

這三本書，各有四十、五十篇文章，每一篇都透過一個真實案例，講透一個道理，闡明一種思考方式，讀者可以隨時進入閱讀，極易消化吸收，每一篇都能有所收穫。

這三本書的核心，都在與讀者分享，面對職場工作的細節，如何用更高、更廣、更深的思維去面對，只要將細節做對、做好、做得更細膩，工作自然更有效率，成果也會更好。

讀完《關鍵決勝力》，我發現文章所提醒的重點，和我一路以來的歷程非常呼應。我從工作者、小主管的階段開始，努力學習如何完成公司交付的任務，力求把事情做對、做好，

學習「執行力」。每做完一件事，我都會自我檢討，哪裡可以更快更好，作為下次改進的目標。這當中，講究的是工作分工、溝通協調、相互配合，以及工作流程的改善。

幾年後，我開始思考公司交付任務背後的用意與目的，而不只是一味地執行。於是我跟組織開始有了對話，我會追問為什麼，讓我更清楚要把目標放在哪裡、有沒有更好的方式去達成？後來我才知道，原來我會去追問問題，會在比較分析之後，選擇執行某個方案，這個思考、選擇的過程，就是慢慢進入策略思考的學習。

執行力與策略思考，是職場人必備的兩種能力。執行力能確保任務完成，這是每個人最基本的功能。而策略思考，則考驗分析與選擇能力，要在上級主管沒有明確的指示下，自己做出決策。不同位階的工作，執行力與策略思考的比重不同，但不論是工作者或主管，這兩種能力都非常重要。

如同作者在書中提到：職場人要有擔當、敢做決策；要能記住重要數字、會數字管理；要提升思維的高度寬度深度；要能授權、不插手等等，讀者可以多加琢磨。

曾國棟用非常系統化的方式，從職場技能、職場觀念，到經營管理、人才組織、創新服務，分享傳承他的經驗與智慧。這本書對工作者、對主管都是極實用的自我修練書籍，值得每個人仔細研讀。

推薦序

KD的江湖一點訣

郭奕伶／商周集團執行長

台灣正進入大接班時代，每個企業、家族都正世代交替。但當你問交棒者：「你要傳承的是什麼？可否具體陳述出來？它們有被建成系統嗎？」被問者常語塞。

很多第一代企業家赤手空拳闖天下，一生功績顯赫，但過程中，卻沒有花時間去盤點企業可茲傳承的文化、制度、核心知識，並將其制度化、系統化。於是，人亡政息，一旦接棒者選錯，企業也逐步衰敗。

KD是一代企業家中，很早就開始進行傳承的經營者。

他告訴我，早期創業，自己土法煉鋼很辛苦，事業愈做愈大以後，他便開始將這些隱而未顯的知識分析歸納，嵌入公司的系統與制度裡；不止對內，這十年來，他還像傳教士般，不藏私、不辭辛苦地到處分享這些寶貴心法，一切只為了讓後輩可以站在巨人的肩膀上。

我欣賞他的說故事能力：

一、他擅長用小故事說大道理，讓管理變得有趣，讀者容易吸收。

二、他還能把看不見的管理軟實力，具體拆解成可操作步驟，這對許多抓不到竅門的經營者，是一大福音。

三、他厚道而幽默的個性，流露在字裡行間，那種深諳人心、惕透人性的智慧，閱讀時讓人會心一笑。

譬如，在職場溝通技巧上，他建議部屬應該把老闆當「菩薩」，如同神像一樣不會說話的菩薩，千萬不要用「問答題」去煩菩薩，應該在關鍵時刻用「是非題」去求籤即可。所以他說，會丟出「問答題」的是低階員工，拋出「選擇題」的是中階主管，高階主管通常都準備「是非題」，幫助老闆快速做出決定。

再如，他點出管理規模的迷思，管兩萬人，跟管兩百人，其實道理是一樣的，重點要選對主管，就不會那麼費力，他說，選主管就跟選太太一樣，是一輩子的事。

許多管理決策，他能用簡單的財務概念加以詮釋，讓決策邏輯不只是直覺。

俗話說，「江湖一點訣，說破不值錢」。KD將他縱橫產業四十年的一點訣，加以提煉轉化後，不藏私地成為這部人人都可直接上手操作的管理錦囊，我相信能夠有效率地提升領導者們的能力，創造更多正向的力量，培育出更多有獨立思考能力的領導者。

謝謝KD的不留一手分享。

推薦序

決勝藏在細節中，董事長的無私分享

陳其宏／佳世達董事長

曾國棟董事長將過往經營經驗集大成於近期的三本書中，從創業至今經歷各種轉型階段：新創發展至集團，最終加入大聯大控股。每段經營軌跡都是珍貴經驗，此書與前兩本風格相同，結合故事案例淺顯易懂，這五十篇文章將職場日常所需應對之細節，點出注意的關鍵點，人們常說魔鬼藏在細節裡，這些細節正是關鍵決勝點，都是我們不能忽視的。

曾董對於經營策略有非常獨到的看法，遇事時要有各種不同的思考邏輯，如何處理及面對的心態，提醒職場人該如何應對、少繞點遠路，甚至內含加薪的關鍵祕訣，不論在人際關係、管理眉角、經營心法，透過案例深入淺出快速帶入講解，整理成系統化的知識，讓讀者能快速吸收。曾董是一位樂於分享及付出的企業家，「施比受更有福」體現在他身上，不僅時常舉辦講座至各企業分享，更撰寫書籍將人生體驗、職涯經驗寫成冊，將知識繼續傳承下去。

曾董此書有許多想法與我相近，像是：

一、第一章中提及KPI制度。管理者需設置KPI，我們使用KPI策略激勵員工，KPI成績出來之後我們就發獎金讓員工有感，幸福企業不是紙上談兵，要從最直接的獎金成果回饋給員工。

二、第三章中提及人人都可創新、out of box、互惠雙贏，曾董提到「創新的想法往往要跳出既有框架。」我常鼓勵員工創新、突破跳出原本思考的框架，找尋不同的發展可能，看似不可行之創意，透過討論加減乘除後，或許會產生讓人驚豔的不同之處。我相信意志力到達之處必有路可走，終將有豐盛的果實。

三、曾董利用優步（Uber）的生動案例告訴大家互惠雙贏的理念，透過彼此資源共享、創造雙贏，如同我們建構佳世達大艦隊資源共享模式，透過互惠雙贏的理念，實踐幸福企業與永續經營，帶領台灣中小企業共同成長，一起拚轉型，一起航向海外打世界盃。

本書收藏了曾董至今的經營管理精華，是職場人必須研讀的一本書，不論您身處哪個層級都可以有不同的領悟，對待事情將會有不同的態度及看法，從細節中看大道理，《關鍵決勝力》將成為您未來職涯道路中不可或缺的葵花寶典，誠摯推薦給您。

自序

將啟發轉化為行動，是成為職場贏家的關鍵

曾國棟

本書緣起

寫完了前兩本書《管理者每天精進一%的決策躍升思維》及《工作者每天精進一%的持續成長思維》，原本以為沒有太多題材可以繼續寫。但因為在中華經營智慧分享協會（下稱智享會）分享及輔導一些學員，陸陸續續從學員回饋的問題，以及推廣智享會平台過程中，覺得有些心得及觀念值得大家參考，就試著將大綱寫下來，不知不覺又累積了五十篇心得，加上先前「管理者」一書意外地獲得經濟部中小企業處「一一〇年度金書獎」（經營管理類），想必是內容受到肯定，鼓舞了我完成這本新書《關鍵決勝力》。

本書風格及章節

沿襲了前兩本書的風格，我先寫了實際案例故事，從故事、迷思及啟發談起，延伸到管理者及工作者應該注意的觀念，進而將運用層面做一些描述。讀者閱讀後，可以細想如何應用到日常管理及職場上。

本書共分為五個章節，分別為「經營管理篇」、「人才組織篇」、「創新服務篇」、「職場觀念及態度篇」、「職場技能篇」。前兩本書雖然寫了很多管理及職場的思維，但總覺得不夠完整。這五十篇文章正好補足了其中不足的地方，可能已經涵蓋了職場日常運作的大部分情境。

發現吸收知識新方法

在一次智享會咖啡座談中，我分享了四篇文章後，讓學員分享聽後的心得，這才發現大部分學員，除了少數認真做筆記者以外，大都只記得最後一篇。我領悟到，原來一般學員的吸收能力偏向短暫記憶。於是到交大EMBA分享時，我改變了分享方式，請教授指定學員在上課前，先閱讀我書中的幾篇文章，並整理成讀書心得。因為學員有機會事先閱讀，而且很認真寫心得，我省去了分享文章內容的時間，增加了點評的時間，讓學員獲得更多實務方面的指導，效果不錯。

為了讓更多人輕鬆吸收知識，我最近開始將前兩本書八十篇的基本內容，加上額外的補充內容，錄製成十二分鐘左右的影片及音頻，準備放在智享會影音平台上供大家瀏覽。在一些課程場合中我試播了幾支影片，因為擔心學員連續看會覺得太冗長無趣，我採用另一種方式，讓學員看一支影片十二分鐘左右後，留幾分鐘讓他們回顧內容，並寫下最大的收穫啟發、過去的迷思、準備改變的行動。我最大的用意是，讓學員將啟發轉換成與自己相關的事務，進而產生實際的行動。後來發現學員上台分享心得時寫得非常完整，真正達到將知識吸收及轉換的雙重目的，效果相當好。

閱讀本書的建議

過去我犯了一個迷思，以為老師在現場一直講，學員應該可以吸收。後來發現其實不然，反而放影片有字幕、有字卡，之後又有心得整理及分享的時間，才是更好的學習方式。

比照這種方式，讀者如果購買本書，自己閱讀或舉辦讀書會時，建議您可以讀一篇，靜下心來想一下，寫下心得及行動方案。不必急著一口氣看完，將啟發轉為行動更為重要。

更好的方法是高階主管先塑造閱讀風氣及分享的氛圍，自己先帶動兩到三次討論，再由人資及各級主管推動，由各級主管帶領討論，並將同仁寫下的心得交給人資。從學員的心得報告中，可以看出同仁的思維及職能程度，是很好的考核參考。高階主管如果可以抽樣點評同仁的心得報告，甚或做一些激勵表揚，同仁會更努力學習及轉化為行動，這是一種有啟動、有收尾的有效學習模式，也是很好的團隊建立（team building）方法。

這個方法也適用於讀書會，成員各自先寫完心得，大家再一起分享討論，效益會更大。詳盡細節請參閱本書第五章〈心得轉換為行動方案三步曲，塑造學習型組織有方法〉一文（第四百二十頁）。

致謝

再次感謝太太不時地提供題材及鼓勵，以及李知昂先生犧牲假日時間，用心地完成了本書。希望本書對讀者有些助益。

第一章

經營管理篇

1 最高明的《孫子兵法》！表面上沒有勝，卻是真正贏家！

《孫子兵法》詮釋「勝」與「利」

有一次，我聽一位對於《孫子兵法》極有研究的講師，談《孫子兵法》如何詮釋「勝利」？

他問聽眾，你們知道勝利的英文怎麼寫嗎？大家的答案都是victory。他卻說不對，《孫子兵法》裡的勝利，是拆成兩個字來看，勝是win，利是benefit。如果這樣拆，事情就能分成四個象限：有勝有利，無勝有利，有勝無利，無勝無利。

於是他又問大家，哪一個最好？多數人都回答：「有勝有利」最好。他又說不對。

最後講師揭曉答案：無勝有利，才是最好的！無論做生意或打仗，最後的目的是什麼？

是為了「利」！如果能夠得利，何必一定要「勝」？假設結果對我有利，就算我沒有得到表面上的「勝」，無所謂呀！在某些情況下，投降反而得到更多，如果我的目的是為了做成生意，跟對方認輸、削一點面子又何妨？

有勝又有利，面子、裡子都拿到，為什麼反而不好呢？原因是為了「勝」，可能要花很大的力氣去打仗，或在商場上與人相爭。最後，當然你也是贏了，可是你要投入許多資源、時間，勞民傷財。「無勝有利」才是最高境界，類似於「不戰而屈人之兵」，是兵法的上上之策。

原來《孫子兵法》的「勝」與「利」竟是這樣算的！聽老師妙語如珠，學員們不禁恍然大悟，哈哈大笑。

啟發與迷思

我們常常陷入的迷思是，做許多事情都為了「勝」，不是為了「利」。導致有非常多的執著，讓你去爭執、爭取。其實花許多力氣爭，反而是不利的；因為你雖爭到利益，卻只贏這一次，甚至只拿到表面的勝利，實際上是吃虧。

秉持老二哲學，你也是勝利組

從創業的時候開始，創業夥伴邀請我進入公司，請我當老大，他當老二。將近三十年下來，我們合作愉快，都不覺得誰當老大、誰當老二有什麼差別。其實，我們兩人的薪水、股票、股息都一樣，老大只是責任比較重一點，**以獲利來講，兩人是一樣的。那麼，何必爭著一定要當老大呢？**

友尚加入大聯大控股，情況也是如此。他們做得很好，我不一定要搶著當老大，但是我的獲利並不會少，而且退居老二可以做許多其他的事，一樣有貢獻。總結來說，秉持老二哲學，其實也是人生勝利組！

投資合作要看長遠，適當讓利，不要只贏了表面

投資合作與購併，看的都是長遠的策略目標，往往需要適當地讓利，才能促成合作。只贏了表面，看似有利，其實是不利的。因此，**在談購併的時候，我可能處處讓利，讓了七、八項，但卻透過談判過程，換回對我最重要的一項。或者對方想要的條件，我全部讓利，但**

加一條對我最重要的。這種願意讓利的心態，讓投資購併容易成功。

何況，投資購併談判時，某項條件即使表面上對自己有利，也可能損失長遠的利益。比方購併時，我方占五一%，對方占四九%，我方設了某個條件，假如未來我要買對方的股權，可以壓低價格。但這個條件對我方反而不利，因為會導致未來我方想買股權的時候，對方不願意賣給我們，這就是只贏了表面。

總而言之，不要只看短期、表面的利益，要看長遠。

無需事事據理以爭，要看狀況或私下商量

所以，無需事事據理以爭。你爭得面紅耳赤，在某次交易或會議上也許贏了，私底下卻給人很壞的印象，搞不好人家以後就不跟你做生意了。一般來說，如果你爭得太厲害，讓別人覺得你總是「整碗捧去」，總是不利於未來長遠的合作。

員工跟老闆之間也一樣，也許某件事老闆確實是錯了，但你據理以爭，老闆面子掛不住，卻會覺得你這個人不好用。這種情況要特別小心，表面上你是贏了，實際上你卻輸了！無論考績或升遷，都可能吃虧。因此，**不是所有事情都要據理力爭，要看狀況**。

如果需要跟老闆講清楚，可以私底下再建議。這樣老闆會欣賞你，因為你在檯面上給老闆面子，事後又給他好建議，他的面子和裡子都顧到了。

主管把功勞歸屬下，是創造雙贏

許多主管喜歡搶功，發表成果的時候總是跑第一，這樣做有幾個缺點：

一、抹煞屬下的功勞，屬下不開心，會削減未來團隊的戰力。

二、主管把成功都攬在自己身上，固然很風光，但若講錯了什麼，或後來出了哪些毛病，做主管的也沒退路了！

相反地，如果主管把成果、功勞歸給屬下，屬下會很高興，主管自己也有退路。最後得利最大的是誰？其實公司發展得好，得利最大的還是主管自己，帶頭的人是最光榮的。

把功勞歸屬下，不求表面上的風光，是最聰明的。**把面子做給屬下，好像你沒拿到面子，其實你最有面子，因為你是最大得利者。**別人也會覺得，是你這個主管帶團隊帶得很成功。

把功勞歸長官，升遷的就是你！

反過來說，屬下把功勞歸給長官，道理也是一樣，讓長官得面子，你就得了裡子。

舉個例子，三星電子的台灣區分公司辦一場大型運動會，是由台灣區總經理發起的，費了很多心力與時間，爭取政府合作等等。後來活動辦成了，三星集團總部派了許多高級長官出席，我本來以為，大會開場應該由厥功甚偉的台灣區總經理風光地上台致詞，這也合情合理，本來就是他主辦的。

可是我到場以後，發現不是這樣，從頭到尾，都是請總部的人上去講話，台灣區總經理甘願坐在台下陪襯。我看得佩服不已，因為他的付出最多，面子是他應得的，他卻把活動的鎂光燈全部讓給了總部的高層，自己一句話都不講。其實這是最聰明的做法，因為**把功勞做給上級，自己備受上級賞識，升遷最快！**

先說對不起是贏家

其實在很多場合，不管夫妻吵架，或是與客戶意見不同，甚至供應商掛你電話，都可以應用「無勝有利」的概念。

吵架的時候，你跟對方賭氣，就算表面上爭贏了，也對你不利。例如夫妻吵架，先生吵贏了，但是太太不煮飯、不做家事、不帶小孩，最後讓先生無心生意，誰才是輸家？先生是輸家。

在商場上也一樣，即使是對方錯，你為了業務能夠順利，願意先低頭道歉；表面上是你認錯、你輸了，其實你能包容，表示你的心胸與境界更高，你是贏家。更重要的，**你放下了輸贏，卻拿到了實利！**

最好讓客戶覺得是他贏或占便宜

讓客戶覺得他贏，才是高招！讓別人占小便宜，有時候更有利。

典型的例子，你去買水果，結帳時老闆在袋子裡多丟兩個給你；或是總價兩百零五元，算你兩百就好。表面上看起來是老闆輸了，他得付出成本。但他贏了什麼？贏得你的好感，下次還會再去找他買，他賺得更多。別家老闆沒有這個動作，他就占了優勢，搶到了客人。

所以，讓客戶占一點便宜，送一點小東西，或去掉貨款的尾數，其實是你贏。反過來說，假如跟人斤斤計較，表面上是你贏，其實打壞了印象，你是輸的。

結論：求利而不求勝

- 反正獲利不會少，不必搶著當老大，把事業做好才最重要。
- 投資購併願意讓利，更容易成局。處處讓利，只要拿到最重要的一項條件，就是有利的。
- 跟人發生爭執，不要求勝，讓一步更有利。
- 不是每件事都跟老闆據理力爭，要看狀況。如果需要講清楚，不妨私下建議。
- 把面子做給屬下，其實你最有面子，因為你是最大得利者。把功勞做給上級，自己備受上級賞識，升遷最快！
- 讓客戶覺得他贏，才是高招！讓別人占小便宜，有時候更有利。

2 經營企業就像打高爾夫球！要有危機意識，步步為營

步步為營，避開陷阱，就像打高爾夫球

不少企業朋友可能喜歡打高爾夫球，也藉著球敘來建立人脈。以下分享我打球的一個故事。

高爾夫球有十八洞，每洞難度不同，各有不同的標準桿，也就是打進洞的基準桿數，例如三桿、四桿不等，距離比較長的洞，有時需要打五桿，十八洞總桿數的標準桿通常是七十二桿。而對我們這種業餘人士來說，不可能每一洞都平標準桿或低於標準桿，十八洞的總桿數能控制在八十、九十桿以內打完，就很不錯了。

很多時候，我在前十六洞打得很順利，累積到快結束，心裡暗自打算，應該可以破八十

桿。到了第十七、十八洞，我的好勝心就來了，很想賺par，就是平標準桿；甚至打birdie，低於標準桿一桿。沒想到這樣一想，最後兩洞反而花掉很多桿數，OB出界、下水、下沙坑全部都來，大崩盤，最後變成九十幾桿。

啟發與迷思

打球的時候，前面贏不要太高興，風險管控要做好，以平常心看待。尤其是快要破紀錄的時候，更得小心翼翼；要是見獵心喜，冒險拚球，很容易大翻轉，輸掉比賽。

企業的經營，也是相同的道理。我們往往在一帆風順的時候大意，或看到利字當頭，接到大訂單，就忘了風險。打高爾夫球給我們很好的啟發，順風順水的時候，更要注意風險控管。

信用累積慢，崩潰一瞬間

延伸來談，企業或個人要累積信用是很慢的，可能要累積很久，銀行才願意借錢給你，讓你賒帳，但是某一次你不小心，週轉出問題、跳票了，從此你就變成拒絕往來戶。累積了十年、十五年的信用，毀於一旦。

這種例子很多，比方你每次交貨都準時，只要一次不準時，就變成黑名單。或你平常開會都很準時，一次重要會議遲到，就在老闆心中留下汙點。交報告也是一樣，別人準時，只有你拖拖拉拉，就算只發生一、兩次，升遷往往沒你的份。

說謊更是如此，本來別人對你的印象不錯，覺得你很誠實，可是某次你因為某個原因，說了個謊，從此你講的話別人就不再相信。總之，**信用累積很難，崩潰卻非常快；如同砌磚，一塊塊砌上去很辛苦，到了最高點，只要一塊失手可能整個就垮了。**

順遂時更要步步為營，做好風險管控

企業經營的過程中，經營者往往以去年賺多少，上個月業績如何，估計未來的發展，卻沒設想到萬一。比如客戶不買、人才離職、供應商缺料、碰到客戶退貨、倒帳，甚至天災、疫病、國際市場波動等，各方面的風險都有。所以**你在順利的時候，反而更要步步為營，做好風險管控。**

以下分四個面向來談，包括：分散風險、大訂單管理、庫存管控，與信用額度保險，都有講究。

分散風險，提早布局

有時企業經營很順遂，業績不錯，但還是有隱憂。當單一產品、單一市場、單一區域、單一客戶，占企業的營收比重很高，因為太集中了，只要一出問題，企業的風險就很高。

這時候就**要設法分散產品、市場、區域、客戶，趁順遂時有多餘的精力、時間、財力，及早布局**。例如開發數種新的產品品項，滿足不同的客戶需求，逐漸提高營收占比。**隨時保留一〇%到二〇%具爆發潛力的培養型資源在手上，才能持續成長不墜。**

突來的大訂單，應有高度風險意識

企業接到突如其來的大訂單，往往見獵心喜，備很多的貨，甚至擴廠為大量出貨做準備。這時候要特別小心，**大訂單往往伴隨高風險，有時企業經營本來穩健，卻因為大訂單出**

狀況而倒閉！

接到大訂單仍可能有變數，最糟的情況，因為客戶抽單，恐怕你連第一批訂單都沒拿到。即使稍好一些，前幾批出貨都很順，後來卻可能開始退貨，或銷量減少。許多大賣場或通路商都有退貨機制，不是買斷你的貨，而是銷不掉會退給你，讓你退錢。建議要有高度風險意識，精算一下，如果碰到最壞情況，這些貨能否賣給別人？如果退貨，公司的現金流能否應付？

若答案是否定的，就不能輕易接單。可以保守一點，例如收取訂金，以免客戶抽單、退貨時損失過大；接比較少量的單，留一點給同業賺；或是跟供應商共同分攤風險，若有萬一你也可以退貨給供應商。依據產業別，來安排不同的避險機制。

庫存是資產，也是負債，庫存管控是命根子

庫存的管理是一大學問。企業沒有庫存，等於無貨可賣，創造不了營業額。而且庫存是現金買來的，是有價值的貨品，在帳上是資產，也是企業的命脈。

但千萬不要認為庫存只是資產，它也可能是負債！也許市場生變，人家不跟你買；庫存

放太久，變成過時的產品，賣不掉變成死貨；或價格崩盤，讓你血本無歸，還要花倉儲費用。

所以庫存的貨物，最好是通用品，一家不買還能賣給別的客戶。主管也要隨時檢視庫存，如果太多，要設法消化，儘快賣出去。總之**對企業來說，庫存要妥善管控，態度嚴謹，它是企業的命根子。**

給客戶適當的信用額度，做合理的保險

無論再可靠的客戶，開放信用額度都要謹慎。客戶本身也許信用不錯，但客戶還是可能遭人拖累，例如他的客戶忽然不跟他買了，他就會倒帳。所以**一般來說，信用額度上限不超過對方公司淨值的某個百分比，根據行業別與客觀狀況的不同，可能是一〇％至二五％不等；**而不是對方愈買愈多，信用額度就愈放愈高。

如果信用額度達到上限，但對方生意好，還是要買貨怎麼辦？這時候要想辦法買保險，例如對方公司信用不錯，可以把風險轉嫁給外部保險公司、銀行，讓它們買斷你的貨款，付一點手續費跟保險費，你少賺一點就是了。或說服客戶採現金交易，寧可放一點折扣給他，

還是維持信用額度，不超過對方淨值的某個百分比。

投資以不傷筋骨為原則

許多人打高爾夫球，常想一口氣越過障礙物，攻上果嶺，選球桿傾向於冒險，用打得最遠的那支來打，其實這個策略是錯誤的。太冒險的打法，成功率可能不到一成，失敗率有九成，而且失敗的後果很嚴重。

保險起見，應該選最安全的球桿，意思是打的距離短一點，打壞了也不會出事，可以把球留在安全的球道上，下一桿還有機會上果嶺，甚至救到平標準桿。

投資也是一樣，成功的機會固然有，還可能賺不少錢，但也可能失敗。所以，投資要先求安全。對外包括投資別人的公司、共同開發新產品等；對內包括蓋新廠、買新設備、開新的產品線等，都要以不傷筋骨為原則。否則，以內部蓋新廠為例，要是訂單沒進來，資本卻已經投入，公司財務就受影響，甚至倒閉。

對外的話，如果投資標的公司經營不順利或虧損，當然無法回收投入的資金。即使標的公司經營順利，也有賺錢，但不分股息，也是不能回收。如果很順利有分股息，但沒上市櫃，除非找到適當買主，原始投入資金也無法回收。因此在投資前，這些面向都要留意，小心「轉投資」可能變「轉頭輸」。

所以我建議，**即使投資的錢完全無法回收，也不會影響公司營運，這時候才考慮投資。**

結論：風險管控，多想一想不吃虧

- 信用累積很難，崩潰卻非常快。所以自身的風險管控要做好，避免淪落到跳票或失信。
- 在順利的時候，反而更要步步為營，從四個面向做好風險管控：

一、要設法分散產品、市場、區域、客戶，趁順遂時及早布局，隨時保留一〇%到二〇%具爆發潛力的培養型資源在手上。

二、突來的大訂單往往伴隨高風險，應有高度風險意識，安排避險機制。

三、對企業來說，庫存要妥善管控，態度嚴謹，它是企業的命根子。

四、信用額度不能輕易提高，一般來說，信用額度上限不能超過對方公司淨值的某個百分比。

- 無論對外或對內投資，要做最壞打算。即使投資的錢完全無法回收，也不影響公司營運，這時候才考慮投資。
- 風險管控，多想一想不吃虧！千萬不要放鬆戒心，導致自身的重大損失！

3 捨即是得，善用捨與得的道理，商業合作更長久！

捨即是得，表面是損失，實際是獲得

一個小山村盛產柿子，老祖宗流傳下來一個習慣，摘柿子的時候，總會留下一些柿子，熟透了也不摘，放著讓喜鵲去吃。

年輕的柿農覺得奇怪，這樣不是少賺嗎？某一年就把柿子全部摘光了，統統拿去賣錢。結果喜鵲不再來，第二年，一種不知名的毛蟲忽然氾濫成災，柿子剛剛長到指甲大小，就被毛蟲啃光了，那年一顆柿子也收不到，柿農血本無歸。這才想起老祖宗的做法有道理，如果留下一些柿子，喜鵲繼續來，牠們會吃蟲子，柿子就能夠保全了！

這個道理在今天依然適用。我有個開診所的朋友，因為人生中的一些經驗，他特別敬老尊賢，心裡有感動，宣布八十歲以上老人看診免費。表面上他是損失，可是這件事做了一、兩年之後，他發覺他賺到了！

原來他宣布八十歲以上免費，許多老人來看病，跟他有了交情，會介紹許多親戚朋友來看診，就成為他的免費廣告。從此，他的診所人潮川流不息，街坊鄰居有毛病都找他，結果他反而賺錢。

啟發或迷思

有些人天性不喜歡吃虧，聽到要損失一點利益，好像要了他的命，這是一種迷思。其實在商場上，經常是願意付出的人得利。他們雖然承擔一點小損失，一時看似吃虧，卻贏得商譽，增加了客戶，擴大了市場，成為最後的贏家！

合理分潤機制及讓利

無論合夥做生意，或是投資購併，或任何型態的商業合作，與別人合理分潤，才能一起創造更大的利益。

透過讓利，使投資購併成局，往往比占一點小便宜更重要。比方購併時，每股我方出三十八元，對方喊四十一元，可能卡在這三塊錢無法達成共識。可是換個角度想，購併以後每股可能提升二十元的股價，因為三元談不攏而破局，不是很可惜嗎？說不定我們不願意讓這三元，明天這家公司就被別人買走了！

我有個朋友聽了恍然大悟，過去他總是從自己的角度出發，利益能爭取就爭取，難怪經常破局。其實**願意讓利，達成購併或合作，才能提升雙方的競爭力**。

適當分潤給員工，結果賺更多

我建議企業的經營者，不要捨不得分潤給員工，以為發出獎金是從自己口袋掏錢。其實不是的，**透過分潤機制，刺激員工創造更大的業績，老闆賺的錢反而更多**。

分潤除了發獎金、發紅利，也可以適當地讓員工認股，讓他們隨著公司成長而獲利，這些都是分潤的形式。我在經營友尚的時候，也曾經在適當的時機，力排眾議，將股份分給員工，果然讓員工更有向心力，公司蒸蒸日上。

引進股東，股份稀釋，獲利更多

經營企業，有的老闆很怕引進新的股東，稀釋了自己的股權。其實，**你占的股權比例並不重要，餅大不大才重要！**

比方說，你本來有一千張股票，占三〇％股權；引進股東之後，你的比例稀釋成一五％，但你還是有一千張。可是別忘了，企業的發展需要資金，增資以後生意規模擴大，同樣一千張股票，價值更高！

我經營友尚公司的過程，也是一樣。我本來占五〇％股權，上市的時候因為要分一些給員工或釋出，我的比例變成三五％，再增資又變成二五％、一五％。後來友尚加入大聯大控股之後，大聯大的資本額更大，我變成只占大聯大的二％至三％。可是這二％至三％的價值，卻比最早的五〇％大得多！可見，**股份稀釋，不代表獲利會稀釋，反而賺得更多！**

相反地，許多事業沒有引進資金，導致無法擴大規模設廠、進貨、研發等，生意做不大。即使你擁有很大的股權，獲利還是很小，且失去許多商機。

技術股的分潤，隨營業額遞減，反而更賺錢

我輔導的一個學生是做美容的，本身具備美容的獨家技術。有人找他合作，要開業、開分店並使用他的技術，他問我應該怎麼跟合夥人計算分潤？

這個學生並沒有出錢，我建議這類的合作，技術股占的比例要設定上限。初期合夥人完全不懂這一行，非常需要他的技術，當然他可以要求技術股占三〇％或四〇％，也就是說，對方開業使用他的技術，獲利要分給他三到四成。

但時間久了，技術訣竅的價值會降低，其他人慢慢也會懂這些技術。同時營業額逐漸增大，如果他仍然要求技術股分潤三、四成，合夥人就會付得很不甘願。因此可以設定，技術股的比例隨著營業額的增大而遞減，例如減為二〇％、一〇％不等。

這樣設定，表面上擁有技術的人是損失，但要注意，這時候的營業額已經變成好幾倍！賺得其實比本來多。而且合夥人覺得一〇％並不高，較能付得心甘情願。**如果營業額增大，技術股堅持拿三〇％，合夥人可能不甘願，甚至找新的方法繞過這項技術，以免分潤給技術提供者。**這樣一來，當初提供技術的那一方，反而會吃大虧。

同樣的道理，公司有時會給擁有技術、業務、財務專長的員工乾股，乾股比例也會隨著

股本的增大而遞減。但**乾股比例多寡並不重要，因為股本增大，獲利可能呈倍數成長，乾股比例雖然縮小，其分到的紅利卻可能變大。**

為技術股的價值設定上限，合作才能長久

技術股設上限的道理在於，我認為技術股的價值，應該要有一個上限金額，而不是永遠占固定比例的股權。原因是生意要做大，要增資的時候，其他原始股東的股份也會被稀釋，技術股沒有道理享有特權，不被稀釋。

我曾經跟某個大學的單位談，他擁有的專利能否授權給我，他表示要五〇%的技術股份。我表示，總資本額三億以內，我同意他們的條件，意思是專利價值以一．五億為上限。但是，**超過三億再增資的時候，不能認定專利授權仍然占五〇%的股權，而是比例隨增資程度被稀釋降低**。除非技術提供者也願意拿出資金來投資，才能繼續維持五〇%的分潤。

可惜大學這一方，堅持無論未來的營業規模多大，一律要分五〇%，也不願出資。我們覺得不合理，最後只好破局。

額外的免費服務，帶來意外收穫

做生意，吃虧就是占便宜。比方客人買了東西，你多送他一點小贈品；客人買一包梨子送兩顆李子等，都是爭取客戶的方法。

多一小步服務也有類似的概念。有些事情，看似不在你原本的服務範圍內，但幫一下忙，會得到更多生意。例如客人跟你買東西，你順便用摩托車載到他家，他不用提那麼重走回去，他就願意多買一些。客人買衣服，你幫忙改一下，讓他更好穿。這些都是**額外的服務，客人習以為常，就對你產生依賴，不容易被搶走**。

免費維修，產生邊際效益

客人上門要維修，門市通常要看保證書有無過期，或是否跟我這一家買的？其實這樣做很多餘。換個想法，你不是跟我買的，來找我修，如果我能修，你就會變成我的客戶！為什麼必須是跟我買的，我才幫你修呢？

店家不妨坐下來計算獲得新客戶的成本，以及維修成本，經常會發現免費維修獲得客戶的成本，比花錢打廣告還便宜。更進一步，如果客人來跟我買產品，我幫他**終身保固，客戶關係自然穩固，生意做得最久！**

結論：表面是損失，實際是獲得

- 投資購併或任何商業合作，透過合理分潤機制及讓利，更容易成功，創造最大利益。
- 適當分潤給員工，無論發獎金、紅利，或讓員工認股，都是刺激他們為公司創造更大業績，對老闆更有利。
- 引進新股東，股份稀釋，看似損失，其實不代表獲利會稀釋，反而賺得更多！
- 技術股的分潤比例，可以隨營業額增加而遞減，讓生意可長可久，賺得更多。
- 技術股分潤條件太硬，可能讓對方設法繞過你的技術，或者破局，得不償失。
- 技術股的價值要設定上限。超過上限，要再增資時，技術方可以調降股權比例，也可以拿出資金投資，使股權不變。
- 額外的服務，客人習以為常，會對你產生依賴，不容易被搶走。免費維修，終身保固，客戶關係自然穩固，生意做得最久！

4 教練式引導，產生聯想與行動，讓部屬成為傑出人才！

一本中山大學EMBA的書，引發一連串行動

我去中山大學演講，他們送了我一本書，內容是中山大學十二位ＥＭＢＡ學員的創業故事。我看裡面的內容很不錯，便拿給智享會的執行長，請他看一下。

中午吃飯閒聊時我問他，從中可以想到哪些應用？他想到，我們智享會院士班的學員畢業後，我們也可以比照這個辦法，幫他們出一本書，送給他們。我說這是第一個聯想，還不錯，還有沒有？

他想了想以後說，這本書十二個人裡面，有一、兩位看來很適合，可以邀請他們加入，成為我們院士班的學員，或是來我們這邊分享。我也肯定，然後繼續詢問他。

看他暫時想不出來，我就說，其實我們的院士們，及院士輔導的企業家案例，也能寫一本書。他點點頭，我就繼續問，如果要做這件事，誰能幫我們的忙？

他立即想到，可以請某些雜誌社來採訪，刊出後集結成書。或像本書的共同作者李知昂，跟曾董合作寫書有經驗，也可能一起來做。我看他這些想法不錯，都有機會，我就往下問，那我們認識的雜誌社包括：《財訊》、《天下》、《商周》，到底哪一本幫我們報導，比較適合？

他想一想，跟我討論後，覺得好像《商周》不錯。我又繼續問，《商周》裡面有好幾組人，哪一組跟我們關係密切，也跟這個主題比較相關，願意來幫我們做呢？最後就討論出一組最合適的接洽對象。

啟發與迷思

剛才的故事中，從一本書出發，可以延伸出非常多的聯想與行動。但這些方向是如何產生的？一連串都是用教練式的引導，不直接給答案，讓執行長自己想出來，而且產出行動計畫。

主管的重要任務，就是以教練式的引導，把部屬的聯想力激發出來，再從聯想產出具體的行動。

主管以工作相關的問題來引導，產出行動

聯想力的較高境界，是看到資料、書籍，聽到演講，或碰到一個人，都馬上想想是否跟工作有關。教練式引導也是一樣，**主管應該聚焦「跟部屬工作有關的事務」，以教練式的發問來引導他們，產出行動。**

以我們智享會為例，有一位T先生，常常很熱心來幫忙，其實他過去在某家顧問公司擔任總監。我就問智享會的執行長，是否可以請T先生幫我們做些什麼？一開始執行長回覆，可邀請他當志工。

但我注意到，辦活動是智享會執行長工作的要項，我就引導他，T先生以前在大型顧問公司當總監，開課都幾百人，一定很清楚活動如何辦、如何推廣。但若請他當志工，不常來，收效有限。

執行長後來提出，請他來當顧問怎麼樣？這個想法就比較活，能讓T先生對許多方面提

出良好建議。能不能請得成是另一回事，但經過教練式引導，針對「和執行長工作相關的事務」產生聯想，就能擬定比較周延的行動方案。

教練式引導的方法

教練式引導有一套方法稱為「成長模型」（GROW），每個字母分別代表：目標設定（goal）、釐清現狀（reality）、選擇方案（option）、行動計畫（will do）。

以業績達不到的同仁為例，主管可以引導他：

目標設定：你的業績目標是什麼？

釐清現狀：你現在的狀況如何？你已達到多少業績？有哪些原訂的客戶沒下單，導致業績達不到？

選擇方案：想要達標，有哪些選擇？主管可如何幫助他？例如：價格降到某程度就能拿到訂單；或老闆陪他去拜訪，生意較容易談下來等等。最後，再評估哪一條路最容易達到目標。

行動計畫：選擇達標的方法後，採取行動。例如產品需要降價，可跟PM協調，或許就找到解決方案。

簡單地說，**成長模型的引導，是幫助部屬將問題明確化，找到方向，就容易達成目標。**

運用適當方法與工具來引導，先發散再收斂

教練式的引導，**目的是帶出水平思考的聯想，必要時可能需要一些工具輔助。**例如：XMind心智圖，可以用圖像式的介面，幫助我們延伸更多、更豐富的腦力激盪，而且有系統地記錄下來。當然工具不只一種，可以透過適當方法與工具來引導對方。

接著要注意，教練式引導可能激發出許多想法，但這些想法較為發散，可能只有幾點真正能用。這時要加以收斂，以免變成一盤散沙，沒有焦點。**如果想法太多，可以運用「三分之一加一」的方法**。例如想到二十一點，除以三之後加一，得八，就選出最重要、最可行的八項；如果還是太多，就再除以三之後加一，得出四項，這四項就是我們的優先行動方案。

不直接給答案，可以等幾天再討論

剛才說到的故事，我是趁中午吃飯跟執行長聊，因為下次見面不知道什麼時候，我就連續問他，當場得到答案。但這不是唯一的做法，我也可以不要給答案，只是引導，請他回去好好想一想，兩、三天以後我們再談。這樣就能促使他認真去思考。

有時候部屬當場反應不過來，但你給他時間，他就會提出很好的方案。

適當場合，用輕鬆方式對答

教練式的引導，以輕鬆方式對答，效果會比較好。我經常是利用大家比較空閒的時候，例如吃飯、喝茶喝咖啡、共乘車子的機會來做，當作聊天，比較不會有壓力。

如果你是在會議中，尤其是很多人一起開會時這樣做，你底下的主管就會很尷尬。你一直問，他答不出來，你又一直要他再想想，感覺就像你在質問他，而且其他人都盯著他看，讓他很沒面子。

換句話說，**教練式的引導，必須在適當場合，用輕鬆方式引導，效果才會比較好。**

結論：教練式引導的祕訣

- 教練式引導，關鍵在聚焦「跟部屬工作有關的事務」，透過發問來引導，產出行動。
- 教練式引導有一套方法稱為「成長模型」（GROW），每個字母分別代表：目標設定、釐清現狀、選擇方案、行動計畫。四步驟幫部屬將問題明確化，找到方向，就容易達成目標。
- 教練式的引導，目的是帶出水平思考的聯想，可能需要一些工具輔助。
- 教練式的引導往往透過發問進行，卻不直接給答案。
- 引導之後，不妨讓部屬思考幾天，有時候當場反應不過來，但你給他時間，就會提出很好的方案。
- 教練式的引導，必須在適當場合，用輕鬆方式引導，效果才會比較好。

5 適當分潤、創造雙贏，員工自動幫你賺錢！

獎勵機制與入股，怎樣才公平合理？

友尚剛開始的時候，很快就賺錢，當時討論要分給員工股份，長輩關心說，何必給員工股份呢？自己賺的不就少了嗎？何必這麼傻？長輩甚至提議說要提供資金給我，由他們來認股都可以。但我仍然決定讓員工入股。後來員工果然非常賣力，把工作當成自己的事，公司營運蒸蒸日上，盈餘也很不錯。

另一個例子，我輔導過一家新創公司，要聘用總經理。那位總經理除了薪水之外，還希望公司給他股份，而且希望公司保證，無論未來如何增資，他這筆乾股永不被稀釋。當然這是做不到的。

但是，該公司董事長為總經理設計的ＫＰＩ激勵獎金，制度也不太合理。因為按照制度，這位總經理幫公司賺得愈多，激勵獎金的百分比反而給得愈少。我問董事長為何如此？董事長竟回答我，免得他拿太多呀！這樣公司不是很吃虧嗎？

啟發與迷思

老闆或股東往往有個迷思，以為把股份分給員工，自己就賺得少。卻沒有想到，其實員工可以幫公司很多忙，激勵他們努力，一起把餅做大才重要。

公司幫幹部或員工設計獎勵機制，道理也是一樣。員工為公司賺得愈多，獎勵的百分比應該上升，或至少維持不變，不應該減少。因為那是公司多賺的，如果員工沒有拚，就不可能多賺，老闆應該樂意拿出多餘的盈餘來激勵員工。

自古以來，三七制是平衡的比例，以此為原則規劃激勵制度

公司賺錢分給員工太多，老闆心裡會不樂意。但分得太少，員工又會覺得，努力的成果

都被老闆拿走了，奮鬥的動力可能會下降。

其實我們有個自古以來的智慧，台語的三七仔，指的是賺佣金的人，三七仔介紹生意給我，獲利他占三成，我占七成。從這個傳統比例來看，**公司賺一百塊，員工分三十塊，其它七十塊給出資金的人，是合理而平衡的。**相信這個規則存在已久，應該是平衡的，才會流傳下來，我也一直秉持這個大原則，再依據營收規模等其他因素調整，來規劃激勵制度，員工大多認為公平，執行的成果也都不錯。

老闆分潤出去，自己所得可能增加，因為業績超標！

如果沒有分潤或獎勵機制，因為員工不夠努力，老闆可能很多錢都賺不到。如果願意分享，業績上升，其實老闆是多賺。

比方公司發出三〇％獎金，激勵人更努力，如果獲利達到原目標的一〇〇％，老闆拿七〇％，感覺好像少了。可是別忘了，因為激勵的效果，有很大機會達到原訂的一二〇％，老闆拿七成，等於拿到八四％；若達到一五〇％，老闆就拿到一〇五％，反而賺得多。

若老闆不肯給，或給太少，員工不夠努力，獲利可能不及原訂的八〇％，老闆賺得反而少了。

不過要留意，**所謂分給員工三〇%，是指稅後三〇%，換算為稅前是二四%，而且它是指正常薪資之外的「所有紅利與獎金」**，可能透過月獎金、季獎金、KPI獎金、年終獎金、紅利等方式來發放，加總起來才達到這個比例。

此外，如果股本或營收、盈餘相當大，或需要保留盈餘進行研發、回饋股東、併購等，分給員工這一塊的比率也可能隨之調降。或者員工、幹部人數少，需要參與分紅的幹部不多，也可以酌情降低比率。換句話說，稅前二四%只是個基本概念，也可能因為上述理由調降為二〇%、一八%、一五%、一二%……。但是，大原則是金額要合理，不能給太少，否則激勵效果會不足。

員工沒有剝奪老闆所得，是互惠的行為

員工與老闆之間是互惠的。老闆會認為公司是他創立，讓員工賺錢，給獎金是他從口袋拿出來犒賞員工。員工則認為他替老闆賺錢，是他賺的錢，理應跟老闆按比例分。其實這兩個觀點各有立場，我認為不必爭論，而是總括為員工與老闆互惠的行為。

在互惠與三七制的觀念下，員工拿獎金不是剝奪老闆的獲利，而是員工利用公司平台創造更多盈餘，與老闆一起分潤。當員工替公司多賺五〇%額外利潤，分其中三成等於一五%，老闆拿三五%，是合理而平衡的。

所以老闆不要誤會了，覺得發了好多獎金出去會心痛。要從整體獲利來看，**員工領的紅利愈多，你應該愈高興，他們領不到紅利你才要煩惱。**有些老闆覺得發出高額激勵獎金不妥，擔心股東有意見，這是錯的。只要制度合理，員工領愈多，表示公司賺得愈多，是正面的。

員工分潤三〇%，老闆可以賺好幾個七〇%！

老闆給了三成分潤，還有別的好處。因為你願意給，幹部跟員工會自動自發努力，你不用花很多時間管他，他自己就會達到業績。無形中，你的時間心力便會釋放出來。

假如你本來事必躬親，只能管好一個部門或一家公司，就算統統都是你賺，只有一〇〇%。但是，當你用三七制的思維分享，你有多餘的心力，可以**建立並管理五個部門、五家子公司，你等於拿了五個七〇%，分到的可能是三五〇%！**

分不同層級、不同時段、不同項目，設計激勵制度

剛才提到給員工的稅前二四％獎勵，要如何發出呢？首先可以分三個層級設計激勵制度，例如基層員工有KPI績效獎金、重要幹部有分紅、核心幹部有虛擬股票紅利等。獎勵可以分成不同時段發放，例如月獎金、季獎金、年終獎金、年度盈餘紅利。

獎金項目方面，可根據三七制的預算，切割成紅利與各種KPI獎金，以業績達成獎金為火車頭，要設計許多項目，才會更加公平。設計的細節比較複雜，可以參閱《商學院沒教的三十堂創業課》這本書第一百六十四至一百七十六頁。

激勵得宜，創造雙贏局面

從老闆與員工的角度，應以三七分潤的精神，提出公平合理的獎勵機制。比如隨著公司獲利成長，各部門各司其職，達成不同的目標就有不同獎勵，員工就會自動努力，替公司賺錢，創造雙贏。

當公司需要引進策略股東，三七分潤原則同樣適用於他們，意思是策略股東占的股份也

要到三成左右。如果策略股東占的股份太多，也許原始股東不願意。但如果占得太少，策略股東就會覺得雞肋，這家公司的成敗跟他關係不大，可有可無，不會投入太多心力。如果他占三成，就會休戚與共，拿出資源、人脈幫助公司成長，發揮策略股東的功能。

結論：秉持三七制精神，分潤面面俱到

- 公司賺一百塊，員工分三十塊，其它七十塊給出資金的人，是合理而平衡的。
- 如果沒有分潤或獎勵機制，因為員工不夠努力，老闆可能很多錢都賺不到。如果願意分享，業績上升，其實老闆是多賺。
- 員工領的紅利愈多，老闆應該愈高興，他們領不到紅利才要煩惱。
- 員工分潤三〇%，會自動自發，讓老闆的心力釋出，可以賺好幾個七〇%！
- 員工分潤三〇%，換算稅前是二四%，是正常薪資外所有獎金的總和。但這是大原則，隨著股本與營收擴大，可能有所調整。
- 有了總體的獎金預算，公司應分不同層級、不同時段、不同項目來分配，設計有效而公平的激勵機制。

- 當公司需要引進策略股東，三七分潤原則同樣適用，意思是策略股東占的股份也要到三成左右，他們會更用心幫助公司成長。

6 鬼佛一如，領導者需要紀律與關懷兼顧

領導者要鬼佛一如，是什麼意思？

某一次我去拜訪一家大企業，它接班到第二、第三代都相當順利，發展不錯。我注意到，在企業負責人的辦公室擺了一座木雕，一邊像鬼，一邊像佛，旁邊還掛了一幅書法寫著「鬼佛一如」。

我看了很好奇，就問這是什麼意思。負責人說，這是他父親經營事業的時候，日本朋友送的藝術品，父親覺得很有意義，就一直擺在這裡。木雕一邊像鬼，一邊像佛，代表經營者有時候要當鬼，有時候要當佛，兩種角色都要扮演。父親及第二、三代都以此作為座右銘，把公司經營得非常出色。

我聽他這麼說，內心深以為然。記得我屬下有一位副總，某一天來找我說他很頭痛。原來前幾天他跟同事一塊喝酒，兩人都喝多了，他酒後一高興，可能不經意順口答應了對方某一件關於升遷調職的事。沒想到第二天酒醒了，那位同事就來找他，跟他說昨天他答應了某事，要求他兑現承諾，可是他也不記得自己是否答應過，覺得很頭疼。

我當然會協助他解決問題，但我也告訴他，在喝酒同樂的場合，本來就不應該談公事，以免同事借酒壯膽，你也喝茫輕易答應。

我認為喝酒放鬆的時候，主管的角色像佛，就是開開心心，跟同仁打成一片。在歡樂、嘈雜的場合，雙方都喝了點酒，思路不清的時候，絕對要避免談工作的事。我的習慣是，如果這時候遇到同仁找我談公事，我會跟他說時機不適合，約他明天早上到公司再談，以免把鬼跟佛的角色混淆了。

啟發與迷思

這邊說的鬼跟佛都是比喻，不是指特定的宗教，鬼也沒有負面的意思。它的啟發，就像中國人說的恩威並施，**對事情的細節要求，要如鬼一樣地嚴格，嚴守紀律；對同仁的照顧要**

有佛心，能與他們同樂。

至於我屬下那位副總，則是陷入一個迷思，把開心同樂的角色，跟工作決策的角色混淆了，當鬼或佛的時機拿捏不適當，造成困擾。正確的做法是劃定界線，清醒時才談公事。

主管有時當鬼，有時當佛，既有威嚴也要親民，需兩者兼顧

當主管的人，有的太過威嚴，導致團隊氣氛不佳，很難凝聚士氣；有的又太過親民，欠缺威嚴，叫不動同仁。鬼佛一如代表一種平衡的狀態，既威嚴也親民，不會偏重一方。

實際執行上怎麼做？**主管應該要分辨，在對的時機、對的場合，分別扮演鬼與佛的角色。**例如主管開會的時候喜歡開玩笑，態度不莊重，同事就會無所適從，不知道主管說的是真是假，某項要求是認真的嗎？某項目標是確定要達到嗎？還是說說而已？這就是鬼佛不分。

相反地，在同仁一起歡樂聚餐，或員工旅遊時，主管經常煞風景，談嚴肅的工作事務，容易引人反感。或員工趁放鬆的場合，跑來跟主管談公事、談升遷，主管沒有劃界線，隨意就跟他談，這也不宜。

賞罰分明，訂定目標後，執行一定要嚴格

主管要做到鬼佛一如，就要賞罰分明，目標執行一定要嚴格，像鬼一樣。主管應把自己定位為教練，目標沒有達成，不可放鬆，要和同仁一起釐清：現況如何？可以採取哪些行動來達成目標？並由主管開始以身作則，帶動、要求同仁務必落實這些行動。

當公司訂了營運目標，就要不斷催促同仁達到它，直到達成為止。甚至可以用競賽、儀表板報導、即時公布成績的方式，讓「未達標」的同仁產生努力的動機。

平常生活中我們跟人不要太計較，可是碰到ＫＰＩ，一定要錙銖必較，不能因為差一點點，九五%、九八%達成就通融，仍然發放獎勵。**ＫＰＩ達成與否，獎賞要按規定，不可馬虎，否則未來訂目標，大家不會當真，螺絲也容易鬆掉。**

儘量以鼓勵代替處罰

但我建議儘量以鼓勵代替處罰。人性是這樣的，你誇獎某個人，他就愈做愈好。我常舉一些例子，我誇獎同仁熱心服務，他就愈來愈熱心；同仁主動撿垃圾，我公開誇獎他為清潔

達人之後，無形中，他看到垃圾都不好意思不撿，漸漸習慣成自然。

有人認為賞罰分明一定是有賞有罰，要訂出嚴厲的罰則，其實不一定。如果常用鼓勵、善用鼓勵，沒被鼓勵到的人等於自然被處罰了，也會收到效果。設計獎金制度的用意相同，不是員工做不好就扣他薪水，雇主還可能違反《勞基法》，而是員工沒有領到獎金就等於被處罰了。

善用獎勵制度，不需要去責備、扣薪，仍能達到賞罰分明。

處罰後還要安慰，提供不破壞制度的額外補償

有時候員工沒達到KPI，或明顯違反公司規定，為昭公信，也為了公平起見，在公開會議還是要表明該員工做得不好。主管必須展現鬼的一面，也就是嚴格、講紀律。

但會議結束後，主管卻可以把員工叫到小房間，私下安慰。問他是否有哪些原因、遇到哪些困難，導致目標無法達成？主管可以提供幫助。像這樣事後安慰，員工可能剛剛挨罵的氣就消了。也就是說，你站在鬼的角色責備他，但私下對他還是很關心的，扮演佛的角色開導他、幫助他。

另外，當同仁表現不好，按照制度領不到獎金，這是紀律的一面。但有時候，其實同仁很努力，做得非常好，卻因為不可控制的因素而領不到獎勵。**如果同仁表現不佳，確實是非戰之罪，主管可用另一種方式，在不破壞制度的前提下對他額外補償，以免抹煞同仁的功勞。**此時，同仁會非常感念，認為主管是站在他的立場，為他設想。

建立鬼的形象，以身作則是最好的示範

公司有許多規定，例如上班要準時、開會要準時、服裝要合乎規定、請假或申請費用要填寫表單等，**主管在日常工作中，應該遵守規定或規章，以身作則。不但要誠信，不假公濟私，甚至在灰色地帶還要特別嚴以律己。**

舉例來說，我回彰化老家，順道在台中拜訪客戶，交通費、過橋費到底要不要報帳？像這種模稜兩可的狀況，我就會統統自己出。即使我是老闆，申請費用時，總務一定不會打槍，我還是公私分明。**主管建立鬼的形象，嚴守紀律，屬下自然更會謹守本分。**

建立佛的形象，時常同樂才能凝聚士氣

在下班時間或假日，主管跟同仁一起進行休閒活動時，要放下身段，跟同仁一起同樂，打成一片。無論講笑話、唱歌、跳舞，犧牲一點形象你都願意，也就是脫掉西裝領帶，成為同仁的一分子，對凝聚團隊向心力是很有幫助的。

某些主管擔心在休閒場合這樣做，會影響自己的威信，所以放不開，這種擔心是多餘的。**休閒時你是扮演佛的角色，以同樂為主，工作時仍然可以認真要求，兩者並不衝突。**

無私分享，真心指導，是鬼也是佛

當員工犯錯，主管可能有兩種選擇。一種是覺得算了，不跟他講，以為自己是佛，表現出寬容大度，我對這種做法不太贊成。我傾向另一種，應該無私分享，真心指導。

如果員工有錯，我會叫到房間跟他講，可能談半小時甚至一小時。此時員工可能有兩種反應，一種覺得很倒楣，被我念了一小時；另一種是很感激我，花這麼多時間指導他。但以我的立場，不會去看他們的反應，無論他們出去要罵我還是感激我，該做的指導還是要做。

換句話說，主管在指導員工時所扮演的角色，既是鬼也是佛，該指出的錯誤都要講清楚，但指導的態度是溫和、真誠、無私的。

結論：鬼佛一如，恩威並施

- 主管應該在對的時機、對的場合，分別扮演鬼與佛的角色。對事情的細節要求，要如鬼一樣地嚴格，嚴守紀律；對同仁的照顧要有佛心，能與他們同樂。
- 主管要賞罰分明，目標執行一定要嚴格，像鬼一樣，沒得通融。
- 主管善用獎勵制度，不需要去責備、扣薪，仍能達到賞罰的效果。
- 如果同仁表現不佳是非戰之罪，主管可在不破壞制度的前提下對他額外補償。
- 主管必須以身作則，不假公濟私，還要特別嚴以律己，建立鬼的形象。
- 主管在指導員工時所扮演的角色，既是鬼也是佛，該指出的錯誤都要講清楚，但指導的態度是溫和、真誠、無私的。

7 賣少賺多賺不多，賣多賺少賺不少，大者恆大

毛利率低就不會賺錢，真的嗎？

一家新創公司負責人跟我聊天，他分享他們的毛利率約四〇%至五〇%，很不錯，他又提到很羨慕我們大聯大，問我們毛利多少？我回答毛利率約百分之四點幾，扣除開銷，淨利百分之一點幾。

他驚訝極了，問我怎麼這麼低？這樣怎麼賺錢？我就跟他討論，問他，為什麼你們的毛利率高？他說，我們的產品用很好的材料，設計精美，定價也很高，專攻頂級客戶，所以毛利率高。

我繼續分析，大聯大不是靠高定價、高毛利率來賺錢的，而是我們的年營業額很大，約

有六千億，即使淨利不到二%，仍然能賺七、八十億。接著我問這位新創公司負責人，你們的年營業額有多少？賺錢嗎？

他有點不好意思，回答說：「大概幾千萬，不太賺錢。」

啟發與迷思

常見的迷思是覺得毛利率高代表賺錢，其實不一定，要把營業額的規模一併考慮進來。這個故事啟發我們，定價策略會影響銷售的客層與銷量。專攻頂層客戶，假如客戶數不足，例如只占總數的五%，會導致營業額太小，就算毛利率高，最後還是只有小賺，甚至虧損。

賣少賺多賺不多，沒有量就沒利潤

賣少賺多賺不多，意思是**雖然產品毛利率很高，但因為定價很高，銷量很少，導致營業額很小，總利潤並不高。**

因為**開一家公司總有一定的規模，費用會超過一個基本門檻**。包括行銷、管銷費用，產品開發費用、模具費用、機器設備費用等，統統要攤提，無論營業額大或小，這筆基本開銷總是得花；營業額小，基本開銷也不能省，而且基本開銷攤提所占的比例還會較高。

但利潤的算法，是營業額乘以毛利率，減去開銷。不管毛利率多高，只要營業額小，毛利總額就會少。扣掉基本開銷的話，算到後來就只剩下小賺，甚至虧損。

賣多賺少賺不少，有量就有利潤

反過來說，賣多賺少賺不少，當**營業額很大，雖然毛利率很小，乘起來毛利總額就大**。剛剛提到公司費用的基本開銷要攤提，在公司營業額小的時候，會感覺基本開銷的負擔比較重，可是**當營業額成長到很大，遠遠超過基本開銷的門檻，就會賺錢，而且邊際效益也會增加**。

這就是企業的規模優勢，以大聯大來說，開銷只占營業額的二．五%，所以毛利率四%，還是能賺一．五%。但規模比較小的企業，基本開銷可能占營業額的四%至五%，某些訂單的毛利率若只有四%，絕對會虧損，所以它就不能接。所謂大者恆大，就是這個道

理，因為企業規模大，能接的生意變多，營業額就會持續成長。

報價要以大量生產為基礎，有量就可以降低成本

同樣在資訊電子業，可能有好幾家大型代工廠競爭，有時候同業會抱怨，怎麼某一家代工廠A公司每次報的價都特別低，幾乎接近成本，同業都認為它不會賺錢，一定會倒。沒想到它不但沒有虧本，還活得非常好。

舉例來說，材料就要九十五元，A公司居然報一百元，等於生產成本必須低於五元，才有錢賺。同業以為以這個價錢一定會虧損，結果A公司反而愈做愈大，生意都被它搶走。

為什麼？因為A公司是以「大量生產」為前提進行報價，它的成本不是同業現在的成本，而是大宗採購後較低的成本。還有一種可能，是因為量產規模大，讓它有能力投資設備與研發，使良率改善，能夠再省下成本，導致成本低於同業。

結論是，**有量就可以降低成本，壓低報價，進而擴大市占率。**

有量可擴大資源，加大組織或行銷預算，讓大者恆大

當產品銷量不夠大，想要擴大公司規模，編制應用工程師、業務人員、行銷人員，都會苦無資金。因為基本盤不夠，養不起更多人才，資源也不足。如此一來，以小的組織打仗，一定打不好。

即使公司想做廣告，也因為營業額小，攤提的分母很小，一波廣告做下來可能要占營業額的二〇％至三〇％，根本就做不起，無法投入行銷預算，做不了大生意。

假如**企業規模大，就有資源擴大組織，編列行銷預算，搶占更大的市場，所以大者恆大**。

週轉快，賺得多，一筆資本產生倍數效益

還有一個觀念是週轉速度。同樣的資本，若一個月週轉一次，一年週轉十二次，即使一次只賺二％，一年也能賺二四％。週轉快，賺得快。

因此，**假如毛利率減少能讓銷量增加，庫存消化快，週轉變快，產生倍數效益，同樣的**

資本在一年內週轉好幾次，總效益就相當可觀。

如果為了守住毛利率，一年只有三次週轉，即使每次賺五％，也只有一五％，差別之大，一目了然。

基本開銷不變，設法產生邊際效益，讓純益增加

當公司達到一定的規模，獲利已經足以打平基本開銷，就要思考如何產生邊際效益。有時候單子毛利太低不想做，其實是錯的。舉例來說，本來某產品毛利率要二〇％，公司才能打平，但因為營業額已經超過一千萬，許多基本開銷已經攤提，這時候有毛利率一五％，甚至一〇％的單進來，要不要接？很多人選擇不接，未必正確，因為在基本開銷已攤提的前提下，毛利率低的單子仍然可以賺錢。

同樣的道理，某產品製造商本來自己做，自己賣，因為生產與行銷費用高，毛利率四〇％，開銷可能要三五％，淨利是五％。可是在已經賣出基本量，攤提基本開銷之後，經銷商提出由他們幫忙賣，他要賺一手，要求二〇％毛利，看來雖砍了一半，公司其實可以接受。因為基本開銷已經不用投資，行銷成本是對方支出，雖然毛利率減少到二〇％，但是我

們的成本已經降到五%左右，淨利率反而會增加，可能達到一五%。

經銷商也是一樣，開闢同樣的銷售管道，成本不會增加太多。此時，如果手上的產品不夠賣，可以考慮進別人的產品來貼牌，雖然毛利率低，但是不用付出基本開銷，你是賺的。

總而言之，**產品銷售量超過基本數量以上，成本會降低，產生邊際效益**。無論你是生產者，讓別人代銷抽成，以擴大自己產品的銷量；或你是經銷商，別人生產，你貼牌拿來賣；這兩種情形，即使毛利率都比較低，因為邊際效益，你的淨利率可能反而高，淨利總額也會高，你自己會賺得更多。

結論：薄利多銷，大者恆大

- 開一家公司總有一定的規模，費用會超過一個基本門檻。如果銷量太少，就算毛利率高，獲利不足以攤提基本開銷，就會虧錢。
- 如果銷量大，即使毛利率低，在攤提基本開銷之後，還是做愈多，賺愈多。
- 報價要以大量生產為基礎，有量就可以降低成本，壓低報價，擴大市占率。
- 企業規模大，就有資源擴大組織，編列行銷預算，搶占更大的市場，所以大者恆大。

- 假如毛利率減少能讓銷量增加，週轉變快，產生倍數效益，同樣的資本在一年內週轉好幾次，總效益就相當可觀。
- 產品銷售量超過基本數量以上，成本會降低，產生邊際效益。此時，無論你是生產者，讓別人代銷抽成；或你是經銷商，別人生產，你貼牌拿來賣；即使毛利率都比較低，你的淨利率可能反而高，淨利總額也會高，因此會賺錢。

8 選擇策略股東必看四大構面，才能創造雙贏！

新創公司，該找誰入股？

一家美容新創找我輔導，負責人自己有技術，跟我提到要找誰入股的問題。第一個選項是連鎖店老闆，雖然經營的是其他產業，可是有行銷、營運、管理的相關經驗，都能幫上忙，也可以提供資金。第二，新創的負責人也在想，要不要請自己的客人一起入股？

我就問負責人，你找客人入股，只是為了資金嗎？還是他在技術、業務、管理上可以幫助你？他說除了資金，其他幫助不大，只能介紹一些生意或客戶給他。那我說，你需要資金嗎？他說，目前不需要，因為即使有資金缺口，第一家投資人即連鎖店老闆都可以補足。那麼，找客人入股的作用，只不過是介紹一些生意，占一些股權幫負責人「站台」，讓他講話比較大聲而已。最後他想想，好像找客人進來入股是多餘的。

另一個案例，我的公司曾經入股一家新創公司。我的想法是，友尚的發展主軸在業務，不在工程，很難培養出研發或應用工程師，所以很想投資ＩＣ設計公司（design house），幫我們做一些示範板。一開始我們入股，投入資金，對方很高興，因為當時他們需要資金，研發人員也比較閒，可以幫我們的忙。

但到了後期，他們要發展自己的產品，人力吃緊。對於我們請研發工程師做的工作，他們感覺只是幫我們打工或成為附庸，便顯得意興闌珊，合作並不是很成功。

啟發與迷思

一般常見的迷思是，老闆對策略股東的定義不清楚，害怕懂得行銷、管理的策略股東，怕對方干涉太多，寧可多找幾個股權小的財務型投資人，比方找不懂產業的客人來入股，反正他們不懂，也不會過問，就能讓自己保有更大的主導權。但如此一來，也就失去了獲得策略股東在專業上幫助的機會。

另一個迷思是，雖然找了策略股東，但是雙方長期發展目標不相合，投資也不會成功。

找策略股東從四個構面考量：資金、技術、業務、經營

企業在發展過程中，需要找股東時，要考慮四個構面，資金、技術、業務、經營，引進**的新股東在四個構面至少其中一個面向有助益，才值得邀請入股。應該看自己最缺什麼，來決定優先順序。**

對於能幫助兩個面向以上的股東，更要優先邀請。例如新創團隊自己有技術，某位策略股東在業務、經營方面能提供明顯的幫助，也能提供足夠資金，就不妨以這位策略股東為主，不必再去找單純提供資金的股東了。

我建議如果要找策略股東，可讓他占三、四成股權來合作。雖然他們持股較多，會介入經營，爭取董監席次；但相對地，**策略股東不僅提供資金，也會派出專業經理人進公司，支援技術、業務、經營等面向**。比方新創團隊擁有技術，但比較不懂經營面的財務、人資，或業務行銷能力不夠強，策略股東就能補上新創者缺乏的一塊。

雙邊策略目的必須有交集，才能創造雙贏

找策略股東，雙邊策略目的必須在短中長期都有交集，才能合作愉快，共創雙贏。

對於財務型的投資者，你要他的資金，他的策略目的是賺錢。只要你的公司有盈餘，給得起配股、配息，勝過銀行利率，甚至有上市櫃的計畫，讓股東的股票可以獲利出場，他們就會滿意。這時雙方的策略目的是有交集的。

但策略股東的情況更複雜一些，需要留意雙方策略目的是否有交集。一種有交集的情況是上下游關係，比方你的下游廠商投資你，它既然需要你的產品，本身就能提供你業務量，又給你資金，對你是好的；而它投資幫你擴廠，除了投報率不錯，它又得到產能，你能供應它原料，對它也有利，達成雙贏。

但也有「非交集」的狀況，合作就難以長久。即使是上下游關係，例如某公司投資代工廠，希望它幫忙代工製造，可是代工廠後來自己產能滿載，接了利潤更好的國際大訂單，不想幫這家公司代工，雙方就沒有交集。

策略股東的貢獻，必須是長期的

策略股東的貢獻與需求，如果只是短期對新創有利，而長期不利的話，不會成功。或可能讓原本的策略投資，轉變為純財務投資。

以新創ＩＣ設計公司為例，友尚是通路行銷公司，我投資它，是因為我缺研發設計人才，又培養不起來，希望它的工程師為我所用，幫我設計示範板，不涉及生產，我只出設計費。但ＩＣ設計公司方面，雖然短期需要我的資金，也能賺點設計費，看似有交集；長期而言，他們想的還是發展自己的產品，大量生產而獲利，並不是幫我設計。

最後，當ＩＣ設計公司人力吃緊，當然優先發展自有產品，希望放量生產，進而上市櫃，而不願讓優秀工程師為我所用，成為友尚的附庸，雙方長期策略目標就成為「非交集」的狀態。

短期的貢獻可用其他方式回饋

因此，**短期的貢獻可以用其他方式回饋，不建議採用入股的方式。**ＩＣ設計公司不必找我投資，如有閒置的工程師可以幫我設計，接案收費就好，短期合作很快可以結束，也不影響它的長期發展。

如果是美容業要創業，你有個朋友人脈很廣，找很多周邊朋友來捧場，這算是短期貢獻，因為一批朋友介紹來就沒有了，他不必成為股東，回饋給他優惠折扣是個好方式。

但如果對方是個連鎖店老闆，就可以產生長期貢獻，因為他懂得經營、業務行銷、連鎖加盟、設置系統等，讓你的經營做得更好，這類對象就可以考慮請他入股，成為策略股東。

讓策略股東占足夠分量才有誘因

要吸引某個具專業能力的策略股東，給他占的股權分量要夠。比方如果只有一〇%，他一定捨不得花時間在你的公司，不會把他的資源，包括設備、技術、研發能量、專業經理人投入到你這裡。

如果他占二〇%至三〇%，就會更認真，你成為他的策略投資對象，他就會幫很多忙，甚至替你開發市場，因為他的股權分量夠大，你賺錢就是他賺錢。

要飲水思源，不要過河拆橋

最後一點，**當新創公司的發展不錯，早期邀請人投資的策略目的，可能有一部分會消失，這時不宜存有過河拆橋的心態。**

例如公司剛開始缺資金，某人投資五百萬，是及時雨。但現在公司發展很好，一年能賺五千萬，就會跑出兩種截然不同的思維。負面的想法是，我現在根本不需要那五百萬，早知道就不給他股份！早知道就跟他借錢，給他一點利息就好。甚至想方設法排擠他，希望他把股權讓出。

但我認為要正面思考，如果不是他在草創時期投資我五百萬，公司現在怎能發展到一年賺五千萬？

飲水思源，不要過河拆橋，是做人基本的品格，也是商業的道德。

結論：策略股東是公司發展的關鍵

- 找策略股東要從四個構面考量：資金、技術、業務、經營，至少要有其中一項，兩項以上更該優先邀請。應以自己最缺乏的構面，來列出優先順序。

- 新創團隊不要什麼事都想自己主導，應藉由策略股東的專業，補自己的不足。
- 新創團隊與策略股東，雙邊策略目的必須在短中長期都有交集，才能合作愉快，共創雙贏。
- 策略股東應有長期貢獻才入股。若只是短期貢獻，可以用其他方式回饋。
- 要吸引某個具專業能力的策略股東，給他占的股權分量要夠，才有誘因。
- 當新創公司的發展不錯，早期邀請人投資的策略目的，可能有一部分會消失，這時不宜存有過河拆橋的心態。

9 利用KPI排行，讓員工分組競賽，老闆變得好輕鬆

公布排行，老闆就像觀賽者，十分輕鬆

大聯大控股是七家公司整合而成，控股董事長每個月都開一次執行長會議，會議中公布各項KPI的排行榜，包括：毛利率、成長率、庫存比率、業務費用率、人均產值、週轉率、營運資金報酬率（ROWC）等。

董事長把KPI統統列出，在執行長會議公布每月或每季的排行榜，其結果就是，當某位執行長看到自己排在最後一名，不用老闆罵，自己都會覺得很沒面子，回去便積極改善。

控股董事長用的方法，是不必指責，只要把成績與名次公告，就有激勵的效果。甚至根

據不同KPI的重要性還能訂定權重，各占多少百分比，最後評出總名次、總錦標，也知道誰是最後一名。這時候，董事長就像看球賽的觀眾，很輕鬆，不必講太多話，讓員工分組競賽，各方面的表現自然而然就提升了。其實這也是大聯大控股成立後，所產生的最大綜效。

外界一直以為大聯大控股的成功，是合併管控後，開銷降低，這方面的綜效最大。其實子集團互相比較、激勵、競爭，自然改善效能，這個管理模式才是最大的綜效來源。這是外界不知道的祕密。

啟發與迷思

這個故事給我們的啟發是，每個主管都是輸人不輸陣，愛面子，人的潛力無窮，你很難想像這股力量有多大！

只要適當地激勵主管或員工，列出KPI，設計許多排行榜與獎項，讓他們爭取榮譽，藉著不想丟臉、不想輸的人性，讓員工分組競賽，就能發揮潛力，創造佳績。

沒有人追跑不快，分組或多個子公司比賽效益佳

大家都知道，一個人跑步，後面沒有人追，跑得不會很快，後面有人追就跑得快。同理，**企業可以運用分組競賽的方式，激勵員工進步。**

因此，**好幾家子公司合併時，不一定以併成「一家公司」的思維來做。某些事情，讓子公司分開來，把KPI訂出，比賽規則訂好，更有競爭、求進步的動力。**

以大聯大為例，把七家編成四個子集團來競賽，競爭很激烈，而且是不斷地競爭。為何分組競爭會激烈？**因為各項KPI的表現好壞，通常是輪流的**，比方這一季人均產值你是第一，下一季你說不定是第三，總不會有某一組，每項總是第一。**如此一來，大家有機會贏，自然增強了競爭性，人人力求精進。**

因此，在同一家公司內，也可以根據工作的性質，將員工分成多組，進行比賽，往往能收到不錯的效果。

巧立名目，設置比賽規則，創造機會多多發獎

大陸的騰訊很有意思，不僅讓員工分組競賽，還巧立名目，設計了：最佳成就獎、毅力獎、探索獎、顏值獎、服務獎、熱心獎、開發獎等一大堆獎項，讓員工去競賽。

為何要設計很多獎項？因為**獎項多，大家得獎的「打擊率」會提高，可以消除不公平。**如果獎項太少，又對於某人或某一組較為有利，其他人看得到、拿不到，久而久之就會放棄努力。各部門、各員工有不同的工作性質，更需要以多元的獎項來激勵。

比方新客戶開發獎，對於負責大客戶的資深業務員不利，因為他要花許多時間服務原有的大客戶，根本沒時間開發新客戶。可是如果同時獎勵營收的成長、獲利的成長，資深業務的大客戶隨便提高一〇%的營業額，他就多出很多金額，容易得獎。因此，**獎項一多，東邊不亮、西邊亮，員工拿不到某個獎，可以競爭另一個獎，整體上就會更公平，競賽氣氛更活絡，也讓許多同仁有動力投入。**

運用盤中即時報、儀表板報導，活絡競賽氣氛

活絡競賽氣氛還有一個關鍵，就是即時公布成績，用儀表板來顯示。而且儀表板還可以細分到各階層，讓每個大部門、小部門、個人，都清楚知道他的現狀離目標還差多少。

以我的公司為例，ERP系統每天都會跑出新的結果，在儀表板顯示出來。例如這個月要做四億美元的業績，今天已經八號，要達到二五％，團隊已經達成三〇％，就是超標；到了十五號，應該達成五〇％，但業績才到四〇％，就是落後。

就像你自己在家做重量訓練，容易鬆懈，效果不彰。但如果有一位教練盯著你，一直幫你數已經做完幾下了，離目標有多遠，並且激勵你，就會達成目標。

同樣地，公司每天都跑出績效數字，利用儀表板提醒部門、同仁還差多少就達標？已經達到多少百分比？再衝刺多少會如何？只要透過ERP或其他系統，做到盤中即時報、儀表板報導，**主管就能即時掌握，鼓舞員工說時間快到了、還差一點、再撐一下，幫員工搖旗吶喊，達標的機會就會更大。**

運用儀表板報導，還可以即時激勵，例如階段性地頒獎或慶祝，都能帶動競賽氣氛，使它更加活潑。

老闆觀看競賽，變得好輕鬆

對老闆而言，只需要訂出競賽規則，並發布結果，管理變得好輕鬆。

打個比方來說，家裡只有一個孩子，父母總是管不動。但送到學校，老師要管一群孩子，父母本以為會更難管，但這個管不動的小孩卻忽然變乖了，叫他起立就起立，坐下就坐下。這是因為同儕相互影響、相互競爭的緣故，孩子不想成為同儕中最差的，會力求表現，老師就管得動這群學生。

企業也是一樣，就像俗語說：「站高山看馬相踢」。員工分組競賽，爭取榮譽，老闆只要在旁邊看，為大家鼓鼓掌，加油打氣，幫忙解決問題，關心一下，不用事必躬親。

但是提醒一下，**老闆在績效管理上不必過度指責同仁，也不要加油添醋過度誇獎一人，講得不夠周延反而得罪其他九人，只要客觀地公布KPI結果即可。如此，管理自然輕鬆愉快。**

結論：分組競賽，進步看得見

- 有競爭就有進步，輸人不輸陣。企業可以運用分組競賽的方式，激勵員工。
- 競賽可設置許多獎項，獎項多，大家得獎的「打擊率」會提高，也會消除不公平。人人有機會贏，員工會更願意投入競賽。
- 活絡競賽氣氛還有一個關鍵，就是即時公布成績，用儀表板來顯示。
- 儀表板還可以細分到各階層，讓每個大部門、小部門、個人，都清楚知道他的現狀離目標還差多少。主管便可即時激勵，甚至頒獎、鼓舞員工。
- 對老闆而言，只需要訂出競賽規則，並發布結果即可。不用誇一人，得罪九人，也不必責備，管理變得好輕鬆。

10 業務不等人！工程師與業務員訴求不同，結果也不一樣

工程師求完美，可能貽誤銷售時機！求專業，反而曲高和寡！

我有一位部屬是工程師，跟我說要在兩個月內設計一項產品，可是時間過了還沒有動靜，我就去關心，問他怎麼回事？

他回答：「我覺得還有一點點問題，別人又出了一個新產品，功能好像比我的更好，所以我想再做一個新的版本。」當時我同意了。

沒想到過了一、兩個月，我又去問他，修正後是不是可以了？他又說：「功能上比業界最厲害的對手還差一點，我想再改。」就這麼一拖再拖，希望做到盡善盡美再端出來。

我立刻提醒他：「就算功能不如別人，我可以降價，可以搭售，買一送一，總有機會變

現。但如果遲遲不推出，就算你做到完美，要是錯過銷售時機，可能永遠也沒有機會推出了！」

還有一位工程師朋友推出一種紫外線（UVC LED）裝置，裝在冷氣或空氣清淨機的出風口或送風口，補足傳統上雖有濾網阻擋灰塵、細菌，但是缺乏殺菌功能的缺點。這個想法不錯，可惜他的行銷文案太艱深，強調UVA、UVB、UVC有不同的波長範圍、物理特性等，說明文字很長，令消費者抓不到重點。

我建議他聚焦在消費者感興趣、能理解的少數重點，重寫文案，果然反應好多了。

啟發與迷思

工程師的思維是求完美，有時候是好事，但有時也成為迷思。如果為了追求完美，拖延太久，可能貽誤商機。

業務員思維啟發我們的是，不需要無止境地追求完美，只要堪用，有產品就要賣。就算有瑕疵，打折也要賣，或搭配銷售方案來賣。因為若沒有賣出去，公司就沒有收入！業務是不等人的！

工程師思維的另一個問題則出在行銷上，宣傳文案寫得太專業，也讓消費者卻步。其實應該用消費者能理解的行銷語言去銷售。

工程師思維：要求文案很專業，消費者未必看得懂

工程師很注重專業，當他撰寫宣傳產品的DM文案，可能從物理原理寫起，然後談技術細節，最後再談產品效果、對人體的影響等。工程師以為這種完整的論述，洋洋灑灑舉出很多理論與證據，可以增加說服力，不料正好相反，只能吸引少數人，大多數消費者會為之卻步。

以紫外線產品為例，業務思維告訴我們，消費者只關心兩個重點：

一、UVC LED裝在出風口或送風口，殺菌效果良好。

二、不接觸人體，無副作用，不會灼傷或致癌。

把這兩點寫清楚，就夠了。因為消費者只注重結果，並不管工程師在意的物理特性、技

術細節與規格。**要從業務思維，寫消費者看得懂的話，以及他們在意的重點，才是有效的行銷。**

工程師思維：要求最佳品質，但未必賣得好

工程師的思維導向，往往是追求最高品質，但這種產品未必賣得好。當你用的材料愈好，品質愈精，售價可能愈貴，但這種產品往往只能滿足少數客層。

因此設計產品時，必須考慮目標客群的需求。從業務導向的思維，**有時用不著那麼好的品質，但價錢低廉，可賣給更多客戶，反而獲利較大。**

不同品質的產品，本來就是鎖定不同市場來行銷。甚至某些產品，工程師覺得品質很差、看不上眼，但賣到第三世界國家，卻大為暢銷，因為他們要的就是便宜堪用，這樣的產品就夠了！

工程師思維：要求功能很多，但未必用得上

工程師的思維導向，往往是替產品添加許多功能，但功能太多、太複雜，也賣得貴。你要賣給誰？**請留意，對你而言最新、最好的功能，客戶未必用得上，也未必會操作。**

舉個誇張的案例，以前我曾經遇到一位工程師，懂得很多，既懂電器，也懂水電，還懂得音響。於是他開發一項產品，把浴缸底部挖空安裝喇叭，低音效果很棒，讓人可以邊泡澡邊聽音樂，做得很完美。他卻沒想到，這種音樂浴缸根本不實用。

他還發明一種LED檯燈，可以發出不同波長的光，適合植物的光合作用，在這座檯燈底下種花，會長得很好。檯燈上還有一個記憶體插槽，可以儲存一些資料，可是用到的機會有多少？

許多工程師開發智慧家庭系統（smart home），同樣也是太理想化。例如你回到家之前，室溫幾度時，冷氣會自動開啟；室外光線如何，窗簾會自動拉上，或是燈光自動開啟；讓你一回到家，環境是最舒服的，做得非常完美，卻賣不好。

業務員思維：功能夠用就好

業務員思維是從使用者的需求出發，價格要合理，功能夠用就好。

剛剛提到音樂浴缸，其實很多人泡澡只要五到十分鐘，不需要聽音樂。就算要聽，拿一支手機放在浴室架子上播音樂就行了。因此浴缸的功能愈單純愈好，泡得舒服是重點。

要做ＬＥＤ檯燈，做好照明功能即可。智慧家庭系統也不用那麼貴，只要幾項最常用的功能，便宜一點，反而好賣。

在某些市場環境，甚至應該銷售單一功能產品，價格便宜、品質穩定，才會符合大量用戶的需求。

低價品的毛利率未必低，量大獲利就高

相對於高價品，低價品的毛利率未必比較低，因為低價品的成本低。比方高價品可能賣客戶十塊美元，成本七塊美元，毛利率三〇％；低價品賣五塊美元，成本三塊美元，毛利率卻有四〇％。為何會如此？因為低價品是以便宜的材料製作，開模也可能不需要那麼精緻，

且以銷量大來攤平成本等，成本較低廉。

此外，**就算低價品的毛利率比高價品來得低，銷量大獲利就高**。除特殊案例外，一般來說，比較便宜的產品會有更多人買得起，銷量大，總利潤就大。

黃昏產品也可能獲利，競爭者相對少

步入黃昏的技術或產品，也有可能獲利，因為競爭者少。

以半導體製程為例，現在主流是十二吋廠，其次是八吋廠，六吋、四吋廠走進黃昏，漸漸沒人用，快要淘汰。或是其他一些低端技術，例如線寬比較粗的ＩＣ製程，也漸漸式微。但它有沒有市場？或許還有，可能存在一些低端用戶，不需要那麼小體積的ＩＣ，會願意使用。

此時，如果有一家公司還在做這些黃昏產品，過去有一百家在競爭，未必好賺。但現在做的人少，競爭者少，雖然市場小了許多，但可能只有兩家在做，結果分配到的市占率還是很大。

有想法就先提出，先求有再改進，樣品給內部人先測試

工程師的思維，往往把產品或技術做到完美才要推出；或有一個提案，要想周全了才敢提，不知等到何時？

業務思維不一樣，主張有想法就先提出。有了七、八成，甚至三、四成的不成熟想法，都可以先提出來討論。**如果有個提案，也可先提出草案，若遲遲不敢提出，就無法進行驗證或修正，耽誤了時間，也可能永遠做不成。**

若產品在樣品階段，還不完整，工程師可以請內部員工先試用。使用時發現問題，可以邊做邊改，先求有、再修改，開發速度會比較快。

往往工程師花了很多時間，全部完成，自以為完美才推出。沒想到，當產品拿給別人用，才發現許多問題，又要修改，整體開發時間反而會拖長。

結論：注重業務思維，順應客戶需求

- 工程師 VS. 業務思維（一）：最專業的文案，消費者未必看得懂。簡明易懂，寫出消費

者在意的重點，才是有效的行銷。

- 工程師vs.業務思維（二）：最佳品質，未必賣得好。品質稍遜，價錢低廉，可賣給更多客戶，反而獲利較大。
- 工程師vs.業務思維（三）：功能很多，未必用得上。從使用者的需求出發，價格要合理，功能夠用就好，這種產品才好賣。
- 低價品的毛利率未必低，因為低價品的成本低；而且銷量大，獲利更高。
- 步入黃昏的技術或產品，也可能獲利，因為競爭者少。
- 想法或提案可以先求有、再改進，不追求一開始就完美。
- 樣品可以先給內部員工試用，邊做邊改，開發速度較快。

11 既然授權就要忍住手癢，不插手，讓接棒者成長

執行長的會議，為何我不講話？

友尚加入大聯大控股之後，我擔任控股的策略長，訂出集團的新結構，各個子集團的執行長，不再向子集團的董事長報告，而是向控股的執行長報告。我是友尚的董事長，友尚的執行長本來向我報告，當然也轉為向控股的執行長報告。

這個新結構的由來，是因為我發現，友尚執行長既要向我報告，上面又有一位控股執行長，變成雙頭馬車。所以我們決定，從交棒那天起，友尚執行長就完全向控股的執行長負責，其他子集團也是一樣。而且我身體力行，凡是跟董事長職權不相關的會議，屬於執行長的權責，我一概不參加。

就算後來執行長他們請我參加，我也不輕易公開發表意見，不在其位，不謀其政。我從旁觀察一陣子，發現控股與友尚的執行長，運作得確實也很好。

這就像以前公司的八樓有一座露臺，種了蛇木與天堂鳥。蛇木比較高，給了天堂鳥庇蔭，天堂鳥得不到陽光，就一直長不高。後來蛇木枯死了，本來我們想再補種兩棵，事情一忙就沒處理，想不到沒有蛇木以後，少了庇蔭的天堂鳥，卻長大、開花了！我把這件事情，跟我交棒的經驗一聯想起來，覺得實在太有趣了！

啟發與迷思

在此我的啟發是，如果交棒，就要徹底退出決策圈，以免跟接棒者變成雙頭馬車，公司幹部將會無所適從。

不必替接棒者操太多心。企業的專業經理人，過去就像蛇木底下的天堂鳥，在創辦人的庇蔭下，不會受到風吹日曬；意思是說，過去都是由創辦人做決定，現在變成他們自己做決定，受到真正的考驗，他們就會長大。

老闆不放手，人才長不大，儘量不要插手

在許多企業都有類似的情形，**過去很多事都是老闆下決策，只有老闆會做。底下的人從未經手，不可能學得會**。就算讓接棒者、專業經理人在旁邊看，因為沒有親自動手處理，還是不會。

因此，以我為例，交棒以後我就儘量不插手，甚至不參加會議，避免雙頭馬車，或壓抑了執行長的成長。

容許接棒者跌倒，再站起來

接棒者學習經營決策的過程，一定會跌跌撞撞。過去是創辦人在處理，經驗老到，現在交給初學者，就跟小孩子學走路一樣，初期一定會出錯。但是，要讓他自己跌倒，再爬起來，才會學到東西。

如果你每次都扶著他，他沒有跌倒再起的經驗，就不能真正學會。因此，即使你看到接棒者有一些問題，還是不要插手，讓他付出一點錯誤的代價，然後成長。因此**交棒後，除非**

問題太嚴重，損失會大到公司不能負擔，你才介入，千萬別因為小問題就插手。

別人走的路線可能跟你不一樣

老闆不肯或不敢放手，可能是因為接棒者的做事方法、行事風格與老闆原本的做法不同，讓他看不過去，或者很擔心，又想把權力收回。

不過，通常對同一問題，每個人的看法有七〇%是不同的，決策做法也跟著不同。為達到同樣的目的，我走的路徑是A，我交棒的執行長可能走B，再換一個人搞不好走C，**每個人的想法不太一樣，但抵達的終點都是一樣的，並不用太擔心**。

即使你看接棒者，覺得他在繞彎路，很受不了，但結果不見得會比較差。認知到這一點，你就不會覺得接棒者走得彎彎曲曲，你又想介入。以我為例，有時同樣會覺得，接棒者是怎麼搞的，明明某件事照我的想法做，很快就能做好，為何他好像跌跌撞撞？但如果我又插手，交棒就不會成功。

因此我建議，**交棒之後，前三、四個月的過渡期，無論看得再不習慣，都要儘量忍住不插手，等接棒者自行修正**。以我為例，觀察一、兩年後，雖然他們走的方式不全然與我過去的相同，結果也未必不好。

不在其位，不謀其政；忍住手癢，不輕易發表意見

我常強調，老闆交棒後一定要忍住手癢。道理很簡單，如果老闆又跑回去參加重大會議，而且出意見影響決策，到時候誰負責？當然還是老闆負責。結果，**老闆一插手，會變成把權力與責任又收回來，讓接棒者有所依靠，他們自然長不大。**

以我為例，在我交棒之後，控股集團的執行長還是說，希望他跟友尚的執行長等人開會時，我能參加，給他們一點指導。我同意了，但是不在其位，不謀其政，每次他們請我給意見，我都說你們做得很好，我沒有太多意見。

學著當菩薩，私下指點迷津

後來有人問我，會議中，控股執行長請你發表意見，為何都不說呢？

我說，我若給意見，當然是跟他們看法不一樣，這樣做，等於公開否定了控股和友尚的

執行長，吃力不討好。所以我只旁聽，從不講話。若我在會議中聽到的內容，我覺得有意見，想要給任何幹部建議，都會私下進行，決不會在公開場合提出。

有個比喻，老闆就像菩薩，平常不講話，部屬有問題問你，你才指導。尤其是交棒之後，更要私下指導，絕不公開表示不同的立場。而且就算我給了屬下任何建議，也不影響他的決策，只是提供意見，指點迷津，他可以不接受，以免責任又跳回我的身上。

私下建議，就能傳承經驗，但仍是**接棒者全權負責，接班才會真正成功！**

轉移目標，重塑人生價值，享受大權旁落的樂趣

老闆交棒還有個大挑戰，就是不甘寂寞。過去大小事都是你在處理，交棒之後，很多事授權出去給別人做，突然時間多了很多，許多文件也不需要給你簽核，難免感到失落。這時如果你沒有找到另一個人生重心，或新的目標，就會又跳進公司去介入。

當你覺得自己以前呼風喚雨，現在淡出，好像自己不重要了，怎麼辦？**要找到有意義的事，找到新的目標與興趣，以及人生價值**。無論是打球、畫畫、旅遊，還是服務社會、對外傳承經營智慧都可以，總之這件事讓你覺得很有意義，很有價值，你自己做得很高興，甚至

消化很多時間，自然就能讓你不再插手公司事務。

以我為例，就選擇了分享經營智慧這條路，還成立了智享會，忙得不亦樂乎！

結論：放手，讓企業與人生更美好

- 過去很多事都是老闆決定，底下的人從未經手，不可能學得會。
- 要容許接棒者跌倒，再站起來。除非問題太嚴重，損失會大到公司不能負擔，才需要介入。
- 認知別人的路線可能跟你不一樣，結果未必會比較差。
- 老闆要忍住手癢，否則一插手，會把權力與責任又收回來，讓接棒者有所依靠，自然長不大。
- 讓接棒者全權負責，接班才會真正成功！
- 至於老闆自己，要找到有意義的事，找到新的目標與興趣，以及人生價值，就會有另一片美麗的天空！

12 腦力激盪，激發潛能，求取共識

被圍剿的「愛心傘」創意

某家連鎖超商在內部徵求方案，怎樣做可以讓客人「感心」？有同仁提出愛心傘的方案，就是在下雨天，不管客人有沒有買東西、是不是會員，只要他沒帶傘，都讓他拿一把愛心傘回去。

這個方案一提出，許多人反對，認為不可能執行，因為傘的成本很高，萬一客人借了之後不還，損失太大。還有人提出超商本身也在賣傘，這樣做會影響自己的生意。就這麼東一句、西一句，這個愛心傘的創意直接遭到否決，無法再討論下去。

結果，因為第一個讓客人感心的點子就被圍剿，老闆再問有沒有更好的創意時，大家就不願意表達意見了。

啟發與迷思

這個愛心傘的故事，其迷思在於，腦力激盪一開始不應該否決任何點子。往往一個創意剛開始看來不可行，經過審慎討論與思考後，它卻是很好的方案。

無論一開始的點子如何，都應該要鼓勵，先肯定，之後再討論修正，這樣做還有一個好處，就是激發更多的創意被提出。而不是一開始就否定，產生寒蟬效應，腦力激盪就難以為繼。

海納百川的態度，不急著說不

以愛心傘的點子來講，並不是不可行，只是沒有詳細討論，太快否決而已。以友尚提供客人愛心傘為例，平均借出去一百支，七十到八十支會回來。其中約有三〇%的客人還會很感激，不但歸還了傘，還送咖啡、蛋糕給總機的櫃台。

如果把這樣的比例應用到連鎖超商，首先，愛心傘並不是提供最貴的傘，每把傘成本可能只有二十到二十五元；此外，可假設還傘比率是七五%，一把傘平均可使用四次。在此前提下，假設客人回來還傘，可能有半數會順便進去買一百元以上的東西。而超商的平均利潤大概是四〇％，這樣精算下來，已經足以抵銷傘的成本而有餘。

有時候，這把傘的成本還可以再降低，甚至不需要成本，因為上面可以印廠商的廣告，你收了廣告費。如果收的廣告費高，還可以倒賺。這時更不必擔心某些客人未歸還愛心傘的問題。

至於愛心傘影響超商賣傘的業績，其實賣傘占業績的比例很小，反而提供愛心傘讓客人「揪感心」，提高顧客流量，可能提升整體業績五％至一〇％，遠超過因為提供愛心傘而降低的賣傘業績。

換句話說，主管應有海納百川的態度，不要急著否決，讓好點子沒有機會被討論，甚至埋沒消失。**當一個創意提出來，不要急著說no，應該讓提案者完全表達，留下紀錄，深入討論之後，也許你會發現它是個意外的好點子。**

腦力激盪的主題訴求要明確，先有框架，點燃火苗

腦力激盪的主題訴求要明確，先說清楚要討論哪一件事。然後必須有框架，讓討論者知

道你要的方向是什麼。例如有哪幾個重點事項，或把討論分成幾個象限，讓同仁分別填入想法等等。

舉例來說，當客戶反映我們的產品價格太高，可能有許多因素，包括業務員被對方唬住、找錯窗口；也可能是我們向供應商採購的進價太高，或較貴的舊庫存太多；或自有產品設計不良、用料太貴、產量太小或良率太差導致單價偏高；甚至是生產地點的人力太貴、稅率太高；或是競爭者因素，包括他們庫存多而削價求售，有搭售、整批交易等條件交換等等。

面對如此複雜多元的原因，腦力激盪時，如果沒有切成PM與業務、研發與設計、生產部門、採購部門、供應商、競爭者等許多象限，同仁可能就會停留在很淺的問題上打轉。相反地，**分成許多象限，也就是「框架」，可以引發同仁深入討論，找出現象背後的問題**。

接著，主持人可以拋幾個點子來點燃火苗，例如對每個象限都先提出一個想法，作為樣本，讓所有參與者知道主持人要的是什麼，就能朝那個方向去細想。一般來說，如果討論範圍太大，問題又是開放式的，很可能得不到結果。但**如果先給參與者框架與樣本，問他們有沒有更多創意，就容易往下談**。

靜默一下，不受干擾，各自思考

腦力激盪的主題、框架與樣本，可以事先提供，讓同仁在開會前先思考，甚至事前填寫，等開會當天再討論。

但往往同仁太忙，未必有時間思考、填寫。有個做法是，乾脆在開會時重新布達一遍，把框架的表格發下去，請大家先不要交談或討論，現場安靜思考十五到二十分鐘，把創意想法填進去。

其實同仁不是沒有創意，或沒有能力想，而是工作忙得沒有時間靜下來好好思考。只要給他們一點時間，放點音樂，讓他們無法做其他事，就會激發潛能。**讓同仁靜默一下，不受干擾，各自思考，往往會產出意想不到的好點子。**

讓同仁充分表達，不輕易打斷，不評論

在十五、二十分鐘靜默思考之後，同仁可能已經在框架表格上填入一些想法，這時就是讓他們口頭解說、表達意見的時候。**重點是不輕易打斷，也不評論或互相討論，以免中斷了**

思路，澆熄了創意。

建議用XMind或其他工具，把各種想法都記錄下來，先不淘汰，以便進一步討論。

重新歸類並整合，挑選重要事件，再深入討論，落實執行

因為腦力激盪的初期不否決，也不評論，你可能會得到很多建議與想法。此時**要先整合、歸類，把類似的意見整併，重複的刪除掉。**

如果還是太多，**應透過討論與表決，挑選出重要的建議，再深入討論。討論時要注意，目標是建立共識，產出「可執行的」行動方案，落實執行。**以免討論了半天的點子，最後卻沒有執行，十分可惜。

結論：腦力激盪不說不，討論後落實執行

- 當一個創意提出來，不要急著說no。應該讓提案者完全表達，留下紀錄，再深入討論。

- 腦力激盪時，先給參與者框架與樣本，比如分成幾個象限，分別舉例，才容易往下發想。
- 人的潛力無窮，讓同仁靜默一下，不受干擾，各自思考，往往會有好點子。
- 腦力激盪產出了許多想法與建議，需要整合、歸類，把重複的刪除掉。
- 然後，應透過討論與表決，挑選出重要的建議，再深入討論。注意，目標是產出「可執行的」行動方案，落實執行。

13 下達任務時，應假設對方是一知半解，要重複驗證！

屬下錯誤一大堆，是誰的問題？

某單位晉用一名新人，要他負責某項任務，過了幾天問他做得如何，他卻疑惑地說：「這件事是我要做嗎？我該怎麼做？」

此時大家面面相覷，仔細回想溝通的過程，還真的很難判斷，到底是傳達的人沒有把任務事項傳達清楚？還是這位新人的理解有問題？

我推測，是傳達的主管以為這位新人已經懂了，其實他並沒有理解，又因為身為新人不敢多問，一知半解，才造成了這個尷尬的狀況。

還有一種常見的情形是事情雖然做了，方向卻完全錯誤。記得某高階主管想做一份市場調查，向供應商原廠簡報，交給底下的人準備簡報資料。沒想到簡報前一天，主管拿起資料來看，才發現錯誤一大堆，想修改也來不及了，只好跟原廠道歉並爭取延期。

原來這項任務交辦下去後，中階主管只給了屬下一份Excel表格，卻沒有清楚解釋各欄位中縮寫的定義；屬下當場也沒有精確掌握表格定義，就按照自己的理解去準備，結果全盤誤解，才會錯誤百出。

啟發與迷思

以上兩個故事的迷思，就屬下來說，一是畏懼老闆，即使對命令聽得一知半解，也不敢多問。二是屬下擔心問多了會被老闆笑，或讓老闆覺得他能力不足，評價降低。殊不知他都不問，誤解了老闆的意思，結果反而更糟。

另一種迷思是，其實屬下沒有聽懂，卻按照他的理解，自以為聽懂了，就動手去做。這種情形，很難期待屬下會自行發現，要避免的話，必須由老闆或主管這一端發動，提早跟屬下重複驗證，以免產生錯誤。

屬下會自我解讀，或揣摩上意造成曲解

為什麼屬下會曲解命令？仔細地去分析，大概有幾種原因：首先是他聽不懂命令，卻以為自己聽懂了，用他自己的意思去解讀。其次是他覺得怪怪的，但不敢多問，就自行揣摩上意，認為「老闆的意思大概就是如何如何」，也不求證，導致曲解。

再者就是老闆的確表達錯了，屬下雖然感到奇怪，卻不敢糾正，以為老闆官大學問大，所說的一定是對的，就按照老闆「錯誤」的表達去執行，自然得到錯誤的結果。

主管常跳躍式表達而不自知，自己懂，以為別人也懂

主管為何會跳躍式表達？往往是因為懂得太多。主管會懂，是因為他思考過，了解整個過程。可能某件事情在他腦海中已經想了三天三夜，甚至盤算好幾個月了，但他在交代任務的時候，卻兩、三分鐘就講完，把許多思考與進行的過程都簡化了，直接講結果。

但對於接受命令的屬下來講，不知道來龍去脈，自然覺得莫名其妙。可是屬下一頭霧水，又經常不敢問，誤解就由此而生。因此，**當主管交代任務下去時，不要只是簡述，認為**

別人一定懂得自己的意思，應儘量解釋清楚，才能確保執行不出錯。

聽與理解會有落差，落差程度隨屬下能力而不同

對主管而言，某些資深員工已經培養許久，共事很長一段時間，彼此有默契，資深員工也了解主管的思考習慣，就能做到「講頭知尾」、「舉一反三」，常常主管只講了一點點，他就能想到後面幾步，對許多相關的事務都能掌握。

但對於多數人，尤其領悟力較低的同仁，主管就不能以同樣的標準要求，反而要假設他聽不懂，每一步都表達得清清楚楚。總之，**屬下對命令的聽與理解，存在個人差異，主管應該要看狀況再決定如何表達**，不是對每個人都一樣。

要假設屬下一知半解，下達任務時重複驗證，確定完全了解

主管向屬下進行重複驗證，該怎麼做呢？首先是讓屬下複誦，確認他了解任務的內容。

其次，**要跟屬下交代他的任務目的**，讓屬下知其所以然，並請他複誦，聽聽他講得對不

對。接著，**應提供屬下適當的授權，並且跟他聊聊，若是碰到一些例外狀況，他會怎麼處理？**過程中也可以提醒對方，若是碰到例外狀況，可以回來跟你討論。某些事情需要主管幫忙，你也會協助。

最後，可以了解一下屬下的看法及建議。也許對於這項任務，屬下覺得不可行，會提出其他建議，或換個角度、換個方法來執行更容易成功。主管可主動徵詢他的意見，讓任務執行更順利。

過程中須反覆再確認，並做適當修正

重複驗證還有一個重點在於時間，要及早進行。主管千萬不要等到截止日當天或前一天，才跟屬下要結果，而是任務發下去三、五天後，就要反覆確認。

任務指派後，主管可以提早向屬下索取目前進度或草稿，確定對方是否提供你真正要的。否則若等到最後一天，發現重大錯誤時，要修改已經來不及了。

屬下的立場也類似，任務執行了一小部分，就該拿著草稿或樣本跟主管確認，如果方向有錯，立即修改，若正確則繼續往下做。

碰到問題要回頭請示，有好建議勇於提出

就屬下的立場，在執行任務的過程中，可能會發現執行成果不如預期，表格填寫起來有點奇怪，執行流程不順暢等現象，一定要趕快回報。

會有這些情況發生，可能是由於你對任務理解不夠，或主管交代時，他也沒有想到會有這些困擾。這時候，你應該回頭跟主管請示、討論，及早修正。

若你想到更好的建議與做法，身為屬下，也應該勇敢地提出來。不要怕講錯，最多只是被主管糾正而已。但若你說得對，就有助於任務的達成，主管也會更加賞識你。

結論：屬下誤解是正常，重複驗證才是王道

- 屬下通常會自我解讀，或揣摩上意造成命令的曲解，甚至老闆講錯了，他也不敢糾正或詢問。
- 主管因為對任務已經充分思考，經常跳躍式表達，因此應留意，交代任務時要詳加解釋。

- 跟屬下重複驗證的步驟，包括請屬下複誦任務內容、確認任務目的、提供適當授權，及確認例外狀況的處理方式。
- 任務指派後，主管可以提早向屬下索取目前進度或草稿，進行重複驗證。同樣地，屬下做了一部分樣本，也應主動跟主管確認。
- 屬下在執行任務的過程中，可能會發現成果不如預期，表格有異，執行流程不順暢等現象，一定要趕快回報，勇於提出建議。

14 掌握黃金時機，效益大不同

為何桿弟對他特別好？為何加薪通知要趁早？

我們去打高爾夫球，會有桿弟為我們服務。桿弟不只是拿球桿而已，因為他們經驗老到，可以幫上很多忙。

有一次我注意到，不知道為什麼，一起打球的人很多，桿弟總是對其中一、兩位球友特別好，不但很有禮貌，主動送水、送球桿，球友打球碰到障礙物，桿弟還會貼心地提醒，服務十分周到。

我觀察原因何在，一開始想不通，因為每個人都會給桿弟小費，也不是那一、兩個球友給得特別多。後來我發現，原來在開球之前，桿弟剛剛開著高球車出來的時候，這兩位球友會先塞給桿弟小費。我恍然大悟，原來他們是把花插在前面，事先給了小費，難怪桿弟對他們的服務特別用心！

同樣地，公司某位同仁最近工作表現不錯，也很辛苦，經常加班。我和屬下的主管想為他加薪，很快就談定了。幾天之後，我問那位主管，加薪的事告訴同仁沒有？主管說等過幾天到了月底，再跟他講。

我說，既然已經決定了，為何不告訴他，讓他開心？太晚講，說不定他工作辛苦，又看我們沒表示，這幾天他就遞辭呈了。到時候再跟他說會加薪，恐怕為時已晚，即使順利留人，也留下了疙瘩。

後來主管立即通知那位同仁加薪的消息，他果然很開心，士氣大振。

啟發與迷思

這兩個故事的啟發是，同樣一件事，做的時機不同，效果也不一樣。如果事後給桿弟小費，在我們打球的時候，他並不知道我會不會給，或是給多給少。但若事前給，他確定已經拿到，服務就特別帶勁。加薪或升遷的事也一樣，如果已經決定，及早通知，效果更好。

這個觀念應用的範圍很廣，無論在工作上、生活中，從對待員工到對外的交涉、邀約、祝賀等，若能留意，都會帶來許多好處。

掌握加薪及升遷黃金時機

關於加薪、升遷時機的掌握，雖說要及早通知，卻還有一些不同的要點。公司替一位同仁加薪或升遷之前，會花一段時間進行考核，在大致底定的時候，主管會送到我這邊核准。通常到我這裡，我會等一、兩個禮拜，趁這段黃金時間做一些事，然後才簽核公布。

我會把被升遷或加薪的同仁，跟推薦他的主管都找來，告訴同仁是某主管推薦他，讓他感激這位主管。如果是升遷，**我還會藉機告訴主管，既然把這位同仁升上來，許多事就要授權給他，主管不要跟他做重複的工作；對於被升遷者也會提醒，升遷後腦袋要換，不要停留在原來的職務上，應該升格去做新職務該做的工作。**

為什麼這些話要在這個時機講？因為升遷還沒宣布，被升遷的同仁聽你這樣說，一定願意配合。如果人事命令已經發布，屆時再講，效果就差了。就像給壓歲錢，壓歲錢還沒發之前，要孩子拿可樂、拿水果、拿啤酒，他都乖乖送來，壓歲錢發下去以後，那就不一定了。

因此，**對於獲得升遷與加薪的人，如有任何勉勵或提醒，要在公布前告訴他，才會有效。對於沒有升遷或加薪的人，也要在公布前找他說明原因，他今年為何沒有升遷、問題在哪裡？這樣做表示尊重，對方比較不會憤而離職。**

提早設定目標及賭注，知道結果再看比賽不刺激

很多人都有看球賽的經驗，如果知道結果，再看錄影重播就不刺激。但若是看現場直播，不知道誰會贏，熬夜也要看完。因此，有時候我沒空看現場直播，或不想熬夜看，必須看錄影的話，我就會告訴旁人，千萬不要先把結果告訴我，以免破壞我看比賽的樂趣。

因此公司設定KPI，也要跟獎勵制度連動。過去某些公家機關，年底每個人的考績都是甲等，事先早就知道了，根本沒有努力的動機。但若公司設定目標、訂出門檻，達到某個門檻就發多少獎金，**在前一年把下一年的目標提早討論出來，雖然目標已知，但同仁不知道是否達得到，就會努力去做**。

甚至，當不同部門或子公司互相競賽，爭取獎勵，因為事前不知誰贏誰輸，競爭求進步的動力就會更強。

花插前頭效益不同，給小費、送花、送禮、祝賀要趁早

花籃送太晚，埋沒在花海。跟剛才給桿弟小費的例子相同，人家新居落成、新公司成立，或有任何喜事，要送花就要趁早，對方看到一定感激。如果太晚到，跟一大堆人的花籃擺在一起，就不會被注意。

節慶送禮、祝賀也是一樣。比方中秋節送月餅或柚子，**禮物早一點到，對方會感謝，如果送得太晚，也許對方收到很多，早就吃不下了，美意自然打了折扣。**

開完整的會前會，取得授權，當機立斷，把握良機

當你代表公司去談判、去提案，應該找主管開一場完整的會前會，取得應有的授權。因為你事前取得授權，才能跟客戶當場決定，客戶就不會去找其他選擇，或把訂單轉給其他公司。

例如交易的價錢、撥多少量，如果你有授權，就能跟客戶當場確認。假定要回來再請示，可能失去商機，等你再去跟對方回報，或許對方會說，他已經答應別人，跟別人簽約了。

會後立即檢討，分配工作，定期追蹤，效果加倍

開會也是一樣，要把握時機，立即檢討，趁大家記憶猶新，把工作分配下去，再定期追蹤。

我看到有些美商的訓練，十分嚴格，要求同仁開會當場就記錄，而且當場就決定哪些事交給誰去做，何時要完成。於是剛開完會，會議紀錄與工作細項就發出來了，執行效果自然倍增。

假使訓練不足，下星期才發出會議紀錄，由於時間拉長，大家對會議中的討論記憶不清晰，執行的效果就不好。

先訂先贏，提早訂時程，框住別人的時間

現代人很忙，行事曆排滿了事情，有事提早跟人家約，才比較有機會邀請到重要人士，框住別人的時間。

以大聯大為例，通常在前一年的十一月，就將下一年度董事會、重要會議的時間預定下

來。為何要這麼早？因為每位董事都日理萬機，有自己公司的會議或重要行程，提早預定才能讓他們預留時間。如果不提早邀約，而是臨時邀請他們出席，多半行程已經排滿，不會成功。**尤其若牽涉到多人參加的會議，更難湊合。**

某些同仁會因為一些理由，拖慢了邀請的進度，例如議程或場地還沒確定等等，就暫不邀約，這是錯的。**邀約重要人士，應該說明邀約的宗旨與要點，先敲定日期，議程與場地資訊都可以之後再補**。不要因為小事而耽誤，最重要的日期反而沒有先約。

結論：做事把握時機，爭取最大效益

- 對於獲得升遷與加薪的人，如有任何勉勵或提醒，要在公布前告訴他，才會有效。
- 在前一年把下一年的目標提早討論出來，雖然目標已知，但同仁不知道是否達得到，就會努力去做。
- 花要插在前頭，禮物或獎勵早一點到，對方會感謝。如果送得太晚，可能已不稀奇，或是錯過時機，美意自然打了折扣。
- 當你代表公司去談判、去提案，應該找主管開會前會，取得應有的授權，才能當場與客戶敲定，避免變卦。

- 開會要把握時機，立即檢討，趁記憶猶新分配工作，再定期追蹤。
- 邀約重要人士，應說明會議的宗旨與要點，先敲定日期，效果最佳。

15 以身作則，培養狼性，挑戰不可能，即時賞罰

準時七點半上班的大聯大控股CEO

大聯大控股過去有七家公司，後來整合為四個子集團。七家公司都有自己開會的方式、時間，或是培訓的時間等。控股CEO上任之後，因為他非常認真，每天早上七點半就上班，即使前一天晚上應酬到十一、十二點，喝了很多酒，甚至喝醉了，都還是準時七點半上班，第一個人到公司。

過去七家公司開會的時間都比較晚，安排在九點左右，可是為了配合他的時間，就全部提早到八點半。剛開始大家不適應，後來便漸漸習慣。最後，就算控股CEO不來參加的場合，大家也習慣八點半就開始。甚至會議時間在平日排不進去，必須安排在週六或週日，

大家也能配合。

在加入大聯大之前，友尚制定營運目標相對比較保守一點，加入大聯大控股之後，因為新任CEO比較積極、有狼性，就會以強悍的領導，在開會時制定比較高的目標。比方前一年的營業額是二十四億美元，過去訂年度目標可能落在二十五或二十六億，他就一下要求跳到三十億才會滿意。即使達到三十億，他又提出兩年或三年計畫，屆時要達到四十或五十億。大家一開始難免觀望，後來卻發現逐步達成了！

啟發與迷思

上述的故事，是以身作則非常好的示範。它的啟發在於，組織運作本來存在固定的模式，但不是不能改變。如果在上位者做出示範，有強勢的領導風格，敢做出要求，大家也會跟隨他一起改變。

組織運作的慣例要改變，並不是不可能的任務。

上行下效，大家都認真起來

組織運作即使做了規定，當最高主管自己沒有照著做，這些規定的運行不會順利。若最高主管以身作則，提早到公司，比別人晚走，甚至中午吃便當開會，原本比較鬆散的組織，可能外出用餐吃到一點半才回來開會的，也會上緊發條。

以大聯大控股的CEO為例，他的時間非常寶貴，要參加四個集團的季度營運會議，或是月會等，其他主管參加一場，他要跑四場，可見他的行程被高度壓縮。即使在這個情況下，他依然準時到，中午不休息，必要時安排週六或週日開會，他也親自到場，並且全程參與。連最高主管都如此認真，屬下自然不敢怠慢，跟著認真起來，即使偶而要動到屬下的午休時間或例假日，也沒有怨言。

潛力是逼出來的，挑戰不可能

當企業領袖敢提出更高的年度目標，甚至訂出中長期的成長計畫，帶領大家一直迎接新的挑戰，本來大家認為不可能達成的目標，就會逐漸接近甚至達成。老實說，當新主管上任，或是原主管改變作風，提出一個高目標，難免有人會認為他是隨便喊一喊；但如果主管真的以身作則，配合好的管理與執行策略，事後檢討，卻往往發現目標會陸續達成。

可見人的潛力是逼出來的，沒有人逼，就到此為止，若**持續挑戰屬下的極限，他們可能多拜訪一些客戶，多拿一些訂單，多跟銀行談一些信用額度，最後就把不可能變成可能。**

用KPI競賽，互相刺激

大聯大控股董事長也用過一個方法，就是把不同的KPI都做出排行榜，包括：毛利率、成長率、庫存比率、業務費用率、人均產值、週轉率等，每個月或每季公布，四個子集團都看得到。有刺激、有競爭就有進步，結果四個子集團都同步提升。

團隊作戰是需要競賽的，因為各項KPI的表現好壞，通常會輪流，比方這一季成長率你是第一，下一季你說不定是第二，總不會有某一組，每項總是第一。**如此一來，大家有機會贏，自然增強了競爭性，人人力求精進。企業可以運用分組競賽的方式，激勵員工進步。**

狼性可以培養，團隊更合作

狼性是可以培養的，但需要有人帶隊。比方世平和友尚都加入大聯大控股，世平的同仁企圖心比較強，友尚的同仁相對溫和一些。但控股CEO是世平出身，比較強勢，有狼性，當友尚的CEO覺得達成某個目標已經很滿意，就會被控股CEO驅策，再往上加。經過一年多，友尚的CEO就有所轉變，影響了底下的幹部，讓狼性的DNA進入友尚。日後當友尚的幹部制定目標，也會更為積極，敢於要求屬下，提出更具挑戰性的目標。

有人認為狼性不好，擔心狼有攻擊性，會損傷組織的內部合作，或讓同事之間惡性競爭。其實這是對狼有所誤解，狼群是彼此合作的。組織的獎勵與競賽也是一樣，在制度的設計上，不是單單獎勵個人績效，養出孤狼或獨狼，而是鼓勵團隊共同達成目標，幾大團隊彼此良性競爭，合作氣氛仍然良好。

自我警惕，跟不上會被末位淘汰

一般而言，公司替同仁的表現制定KPI，如果同仁達不到，會對他做更多要求，讓他提升。如果還是無法達成，他就會被縮小權限，降職，流放邊疆，甚至被淘汰或辭退。

同仁擔心達不到ＫＰＩ，會遭到「末位淘汰」，他就會更積極，不斷地往前跑，力求精進。在團隊激勵上，這是非常有效果的，如果大家都跑很快，每位同仁都會緊張，拿出看家本領。但要注意末位淘汰不是僵化地淘汰一定比例的員工，而是對個人、團隊ＫＰＩ與獎勵機制做良好的設計，避免同仁之間惡性競爭，只求不要掉到末位，反而產生弊端。

胡蘿蔔與鞭子並行，即時賞罰

在季度會議等重要會議中，如果發現某個重大目標已經達成，要即時論功行賞。例如某團隊立即加發半個月薪水為獎金，或採取其他的即時獎勵措施，士氣大振，可以讓團隊不斷往前衝。

即時獎勵還有一個好處，就是沒有獲得獎勵的人，自然等於受到了處罰，他們也會思考，為何自己沒有獲得獎勵？而繼續力求精進。當然，某些公司對於重大過失，訂有懲處機制，也要即時進行，不宜拖延，讓員工感到公司賞罰分明。

結論：上行下效，管理組織有方法

- 最高主管以身作則，上行下效，組織才能運作順利，讓屬下更加積極。
- 持續挑戰屬下的極限，他們可能多做一些努力，最後就把不可能變成可能。
- 團隊作戰是需要競賽的，企業可以運用分組競賽的方式，激勵員工進步。
- 狼性是可以培養的，但需要有人帶隊。
- 同仁擔心達不到ＫＰＩ，會遭到「末位淘汰」，可以驅使他力求精進。
- 在季度會議等重要會議中，如果發現某個重大目標已達成，要即時論功行賞。

第二章 人才組織篇

16 人才是企業之本，CEO願意授權，人資可以做更多

韓國、大陸的大企業人資，權力怎麼這麼大？

韓國三星集團的人資權力非常大，台灣企業的人資部門多半無法比擬。記得每次三星本部人資到台灣分公司來考察，大家都非常緊張。

原來，無論三星的幹部要從西德調美國，美國調亞太，往往在一個月前，甚至半個月前，人資發來一個通知，就要執行。三星的幹部沒有人敢說不，因為只要一次不答應，未來就再也沒有機會升遷了。

中國大陸的企業人資，往往也很有權威，手法相當高明。他們進行員工的教育訓練時，會讓員工填寫一些作業或表格，有時在尚未進行小組討論前，就把員工填寫的第一份草稿收

走，為的是看出人才第一時間的反應，以及他的思維高度與真實能力。因為人資很有地位，員工不得拒絕。

在教育訓練中，大陸的人資有時週五通知同仁，下週一中午前交作業。有人反映要出差可否遲交，人資卻回答說：「你有問題嗎？有問題不要交。」那個人不敢不按時交，因為如果不交，未來人資就不替他安排培訓；如果不接受培訓，就沒有機會升遷。

啟發與迷思

這段故事給我們的啟發是，國際上很多企業重視人才，因此決定人才晉用、升遷、調職的人資部門，權力也水漲船高。在台灣則不同，除了有規模的企業，以及少數人資受到老闆信任，權力比較大之外，其他通常都沒有太大的權威。相形之下，韓國與中國大陸大型企業的做法，是值得台灣企業參考的。

當然，人資的權力是來自CEO的授權，人資的權力大小，也反映了企業經營者對人才培育的態度。人資權力大，人才培育的效果也會較為顯著。

ＣＥＯ等同於人資長，事業部最高主管也是事業部的人資長

我認為公司的經營者，要非常關注人才的相關事務。ＣＥＯ需要自我認知，自己等於在扮演人資長的角色。更進一步，不只全公司ＣＥＯ要有這項認知，事業部（business unit, BU）最高主管也一樣，要把自己當作事業部的ＣＥＯ，也是人資長。

企業或事業部的最高主管，對於人才，從面試開始，到後面的培育、獎勵、慰留、輔導、授權等，都要認定與自己相關，且是前二〇％最重要的工作。

ＣＥＯ認同人資重要性，並願意授權才會營造出好團隊

我認為，ＣＥＯ**應該認同人資的重要性，授權人資有薪資及人才任用的建議權**。在台灣的企業，本來大部分的決定權，如錄用、加薪、升遷、獎金制度設計的權力都在事業部主管，不在人資身上，人資的影響力自然變小，他們舉辦的培訓或活動，員工也較不在意。

但如果人資有建議權，影響力就大，員工就會尊重人資，認真參與培訓，提升能力，開啟正向循環。**而當人資被認同、被授權，人資也會更願意跳出原本職務的框框，做得更好，**

例如積極對外覓才，或是為公司內部同仁多多舉辦培訓、心談互動，從中挑出足堪大任的儲備幹部。

人資不該自我設限，只負責行政工作，而是主動建言

從人資同仁的角度來談，其實人資本來就可以參與更多事務。我觀察許多台灣的企業，人資只是上網發發人力銀行的徵才訊息，進行初步篩選、報到、考勤等行政工作，實在是畫地自限，能做的事其實還有許多。

即使老闆並沒有對人資主動做出更大的授權，我建議人資同仁，不要在心態上流於被動，等老闆指派你才做事，而是主動建言。對於人才培育，其實有許多可做的事，包括外部培訓課程、內部培育規劃、人員輪調等。如果你已經做了觀察，有些想法，不妨跟老闆聊聊。

當你不自我設限，願意幫老闆分憂，老闆很可能願意接受建議，或部分採納。即使老闆沒有採行，**當你觸動了老闆的想法，老闆願意跟你討論人才任用、調動與培育的計畫，由於這是公司的要務，你願意主動建言，就自然變成老闆的心腹，影響力與貢獻更大。**

人資應多參與會議運作與心談，從內部面談發掘優秀人才

在老闆同意的前提下，人資應多多參加公司內部的會議，觀察公司同仁如何進行簡報，如何與主管和其他部門討論，從中發掘人才的潛力。這些觀察，等於是再一次的內部面談（interview），讓人資了解內部人才的工作態度、表達能力、思考能力，甚至看出其情緒管理的優劣，能否與人有效地合作等等。

除了參與會議，人資也可以不定時、輪流與各級幹部心談，了解狀況，同時發掘人才，這也是一種內部的面談。若人資平時就這樣做，建立公司人才的資料庫，知道公司各級幹部具備哪些能力？做事方法如何？對於未來組織調動，就能做出更適切的建議。而**當人資多次參加會議、心談，擁有對人才的判斷力之後，老闆就會更倚重你，賦予你對人才任用、調動的建議權。**

培訓預算沒用完，是人資辦事不力，而不是省下成本

常看到一個狀況，公司人才培訓的年度預算編了一百五十萬，只用了五十萬，這時內部

會認為是好事，省了一百萬。人資或老闆都可能有此誤解，其實這是錯的！

我認為，既然編了一百五十萬，表示本來應該舉辦很多培訓，人資沒有做，讓預算沒有執行完畢，反而是辦事不力。因此，**除非人資能舉出很多人才培訓的實績，表示他是既省了錢，又完成了該做的培訓計畫，否則預算沒有執行完畢，絕對不是好事。**

結論：提升人資影響力，更能善用公司人才

- 企業或事業部的最高主管就是人資長。對於人才，從面試開始，到後面的培育、獎勵、慰留、輔導、授權等，都要當作前二〇％最重要的工作。
- CEO應該認同人資的重要性，授權人資有薪資及人才任用的建議權。
- 當人資被認同、被授權，人資也會更願意跳出原本職務的框框，做得更好。
- 人資應主動做更多的建言，自然成為老闆心腹，影響力與貢獻更大。
- 當人資多次參加會議、心談，擁有對人才的判斷力之後，老闆就會更倚重，賦予人資對人才任用、調動的建議權。
- 編列的培訓預算沒用完，是人資辦事不力，而不是省下成本。

17 用人單位過度依賴人資，未將晉用人才當己任

人資與用人單位踢皮球，造成人才流失？

我們公司的面試流程，是由人資先做基本篩選及初步面談後，就交給各事業部最高主管，確認人才的本質。如果覺得合適，再交給人資與用人單位確認，這種先確認本質的做法，是我認為最好的方式。

根據這個流程，我曾經面試一位應徵者，認為他的本質不錯，可納入公司的人才庫，便交給人資後續，讓用人單位再次確認該人才的硬實力、與單位的契合度等，如果合適便能立即晉用。

不久，我追蹤這位人才後續的面試狀況如何？人資單位回覆說，他們約用人單位面試，

用人單位當時沒空，他們還在等用人單位排時間。我又問用人單位，怎麼不趕快排？他們回說最近都在出差，沒有空。

經過我的督促，人資與用人單位才如夢初醒，回頭去找那位應徵者，結果他已經到其他地方上班了，人才就此流失！

我還有另外一個經驗，面試進來一位人才，我認為本質不錯。但到了年終考核時，他在KPI、工作進度的表現卻不佳，我追究原因，用人單位隨即跟我抱怨一堆，說這人不太好用、跟單位配合不良、某些幹部不喜歡他云云，結論就是人資單位選得不好，把責任推給人資，卻對自己未積極參與選才的責任隻字不提。

啟發與迷思

上述故事的迷思，一是用人單位不重視人才，沒有把選才當作第一優先，積極排時間面試，反而把出差開會等當作第一優先，以為人才都會等他。其次，當用人單位排面試時間不夠積極時，人資單位沒有追蹤到底，也是導致人才流失的因素。

第二個故事，則是用人單位過度依賴人資，人進來不好用就推卸責任，說是人資的錯。

其實人資只是協助篩選，把人介紹進來而已，最了解工作內容與所需硬實力的，還是用人單位本身，用人單位應該詳細面試與篩選才對，根本沒有卸責的理由。

選才是用人單位前二〇%的重要工作，人才不等人

用人單位可能一直忙於各種工作上的事務，包括拜訪客戶、開會、準備簡報等，認為這些事情攸關當前業績，優先順序在前，而不把人才當作第一優先。等到用人單位被更高階的主管提醒，回頭去找面試過的人才，才發現人才已經流失。

其實用人單位這種態度是本末倒置，因為晉用優秀人才後，開發客戶等各類工作，人才都可以幫你做。**先選人，善加訓練，可以幫你解決事情；先忙事情，缺乏人才，你反而會把自己累死。**

人才是不等人的，公司在徵人，人才也在找公司，從中選擇，雙方是對等的。各家公司搶人才，就像是賽跑，想爭取最優秀的人才投效。所以，選才應該是用人單位前二〇%的優先事項，無論再怎麼忙，都要把面試時間挪出來，

過度依賴人資選才，用人單位淪為配角，還責怪人資

用人單位依賴人資選才，就像先生依賴媒人娶太太，這種做法早已過時！我常看到用人單位在徵才一事淪為配角，以為這是人資的工作，是人資要挑人來給他，於是在訪才、面試都顯得消極，這種觀念大錯特錯。

人才是用人單位自己要用的，晉用的人才合不合適，對用人單位有長期的影響。就像娶妻，影響先生一輩子的幸福，怎會聽媒人說好就好呢？**徵才就像娶妻，心裡要有個前提，娶了妻就不能離婚，用人也不能輕言辭退。因此面對徵才，用人單位必須自己當主角，積極參與面試，一開始就選對人。**

當我看到用人單位有一種態度，人才不好用，就怪罪人資選錯人，也難免嘆息。其實，**無論選才或育才，影響人才表現最大的關鍵，還是用人單位自己！**

平時沒累積自己人脈，只依賴人資提供

用人單位往往依賴人資，上人力銀行或獵人頭公司刊登徵人啟事。刊登後如果無人回

應，只會痴痴地等，毫無積極作為與對策。

其實用人單位平常若關心人才晉用這件事，對外就能透過餐敘、球敘、研討會、同業人脈、朋友圈等，了解同行人才的特點、背景、專長等，且跟一些關鍵人物交換名片並保持聯繫，注意同行人才最近是否有異動的消息。如此一來，**當人資徵才不順，用人單位就能把平日累積的名片簿、人才資料庫拿出來，主動聯絡，或請人介紹合適的應徵者，把具備戰力的人才找進來效力。**

用人單位不做機會教育，只靠人資培訓

當新人進來，就算他本質不錯，也已經具備某些能力，但對於公司，他還是像一張白紙。用人單位必須做許多培訓，員工才會真正變得好用。但許多用人單位，卻總是依賴人資進行培訓，或把屬下送去外面上課，自己卻不願意投入時間進行機會教育。

其實機會教育才是提升員工能力最關鍵的一環，包括：開會、簽核、拜訪客戶或供應商、事後的檢討會議等，用人單位要一直教導新進人員，才會帶來成長。**為何機會教育如此重要？因為在工作情境下教導，跟員工切身經驗有關，甚至直接影響到他負責的任務之績**

效，這時他才容易吸收。

用人單位的教育機會最多，對相關專業也最懂，理應承擔培育人才的最大責任，而不是推給人資。

平時沒有進行心談，培養感情，自然留不住人

如果用人單位的主管平時不做心談，跟員工沒有革命情感，員工的態度就會傾向「公事公辦」，只做自己被規定的工作，叫一動做一動，甚至會叫不動。既缺乏主動性與開創性，連支援、補位的意識都不足。

更糟的狀況是，若主管和員工毫無交情可言，平常不教導他，員工也不把主管當老師看，結果員工可能稍微遇到一點挫折，或一些壓力，辭呈就遞出來了。最後公司還是得重新徵才，浪費許多時間與資源，貽誤商機。

屬下離職時，推回人資處理

用人單位的主管還有一個常見問題，就是不願意面對員工離職，去了解他離開的原因。或可能因為懶得管，沒有營造「好聚好散」的氛圍，一味丟給人資善後，公事公辦，該付遣散費就付，自己卻不聞不問，讓員工在不愉快的心情下離開。這是很不負責任的。

其實**人才是用人單位在用，碰到離職狀況，主管應該主動處理交接事宜，並與打算離開的同仁懇談**。即使無法慰留，至少在一些流程上幫助他，讓他離開後對公司沒有怨言。

結論：用人單位要負起徵才、選才、育才的責任

- 先選人，善加訓練，可以幫你解決事情；先忙事情，缺乏人才，你反而會把自己累死。
- 選才應是前二〇%要務，無論如何都要挪出時間。
- 用人單位平日若能累積人脈，徵才時就能把資料拿出來，主動聯絡，把具備戰力的人才找進來效力。

- 談到徵才，用人單位必須自己當主角，積極參與面試，一開始就選對人。
- 談到育才，要在工作情境下教導，因為跟員工切身經驗有關，他才容易吸收。
- 主管平時不做心談，員工就會「公事公辦」，或輕易就離職。培養革命情感是很重要的。
- 即使碰到離職，用人單位也應該主動處理交接事宜，好聚好散。

18 慰留提早為之，善待離職員工，不排斥回鍋員工

善待離職員工：摩托羅拉與友尚的兩個故事

在我出來創業以前，還在老東家任職，曾經發現當時摩托羅拉（Motorola）半導體部門的台灣分公司，員工離職兩、三年以後又回鍋，而且位置愈爬愈高。

當時我覺得很奇怪，那時多數的台灣企業，員工離職了就像仇人見面，分外眼紅，老闆不希望在自家公司看到他，當然更不願他到競爭者的公司任職。可是摩托羅拉為何心胸如此寬大，對離職員工這麼好？不但容許他跳槽到競爭者的公司，幾年後還能回鍋受到重用，表現優異更繼續升官，我實在很好奇。

還有一個善待離職員工的故事，是我自身的經驗。有時候年輕幹部會犯錯，A君就是一

個例子，因為他徇私與外人勾結，犯了公司大忌，即使他整體表現很優異，還是必須請他走路。

當時我面臨一個抉擇，是要公開A君的弊端後開除，以儆效尤？還是幫他找個好一點的理由，比如家庭因素或生涯規劃，讓他自提辭呈，半個月後再循正常管道離職？最後我選擇不揭露弊端讓他難堪，而是私下告誡，讓他自請離職。

不久後，便有同仁來找我詢問，A君是個不錯的幹部，怎會突然離職？是否公司福利不佳，或有其他管理問題，讓A君不想幹了？但我不能說出真相，生怕毀了A君的人生，甚至在業界傳開，讓他以後都找不到工作。最後，只好由我這個當老闆的背了黑鍋，即使別人誤會公司福利差或有問題，我也默默承受。

啟發與迷思

摩托羅拉故事的啟發，就是寬宏大量，與離職員工維持良好關係，甚至容許他們回鍋。我一開始很驚訝，經過思考，這是有好處的，因為他們去外面走一遭還願意回來，定著性可能較高。接納他們，可以充實公司的精兵強將，讓他們把外面學的功夫帶回來。公司善待他們，對內部員工也會發揮正面的影響。

幫年輕的離職員工隱藏他的弊端，甚至替他背黑鍋，則是給年輕人機會，凡事留有餘地。而非做得太絕，從此結怨。

了解員工動向，慰留提早為之

一般來說，同仁正式提出辭呈之後，幾乎沒有機會慰留。即使主管此時再向他提出職務調動、加薪或其他條件，也來不及了。原因有二，第一，是正式遞出辭呈時，他可能已經找好新的工作，答應對方了。第二，當辭呈正式遞出，其他人都知道他要離職了，這時若他被慰留，面子掛不住。

舉例來說，同仁的新工作可能只比現在月薪多兩千元，主管答應加薪五千，如果提早講，或許他願意留下。但等到他正式辭職才加薪，會顯得他是在要脅，或是為了這五千元抽回辭呈，感覺把他看扁了，面子掛不住，還是會走人。

如何才能留住想要的人才呢？需要平常多多觀察、心談，或透過其他同仁的談話，掌握同仁的動向。如果發現同仁行為舉止異常，工作績效與士氣低落，太安靜、不愛表達意見、心情鬱悶，不願參加活動，或聽說他有些事情不太滿意，這時提早開始懇談並慰留，還有機會。

最晚的一個時機，是同仁去跟人資拿辭職申請書，還沒有正式提辭呈之前，通常會有一小段猶豫期。這時人資必須回報部門主管，由主管跟這位同仁懇談。不妨了解一下他想要轉換職場的真正原因，是薪資福利、生涯規劃因素？家庭或其他外部因素？在可行的範圍內，以適當的條件進行慰留。**若等到他正式提辭呈才做，就太晚了。**

好聚好散，祝福離職的員工，盡力協助

離職員工畢竟在公司貢獻了一段時日，離開也有各自的理由。無論是他個人生涯規劃，追求更高的職位，或想要自行創業等，都是他的選擇。身為老闆，不能自私地只想把員工拉在身邊，為你貢獻心力。

因此，**如果已經確定無法慰留，就該盡力協助員工離職，順利交接，非但不許其他同仁刁難，還要祝福他、幫他的忙，以免讓離職員工變成仇人，未來公司覓才的路就愈走愈窄。**

保持關係，定期聚會活動

雖然員工離開了，還是可以保持良好關係，定期舉辦聚會、活動。甚至公司有聚餐、打球，都可以請員工回娘家。不要因為他離開了，或是進了有競爭關係的同業公司，就把對方當成仇人一樣，沒有必要。

所謂世事難料，地球是圓的，什麼時候風水輪流轉，搞不好你要請當初的離職員工幫忙，都很難講。所以我會建議，**與其樹立一個敵人，不如多交一個朋友。**

離職員工是人脈的延伸，影響公司口碑

離職員工到其他的公司，可能擔任工程師、採購人員，甚至管理職或其他職位，如果保持好的關係，也許在某些地方，他能幫上你的忙。你不妨把這層關係當作一種人脈的延伸，就能心平氣和。**既然留不住他，不如好聚好散，祝福他到別處發展，說不定你的人脈觸角也會在無形中增加。**

離職務求好聚好散，還有一項重要原因是為了公司口碑。扯破臉雙方一定生氣，員工帶

著憤怒離職，自然對公司沒有半句好話。壞事傳千里，久而久之，業界可能就流傳公司老闆刻薄，傷害公司的形象。

日後公司總要對外找人，如果離職者的情緒不處理好，難免會影響公司口碑，讓公司對人才的吸引力降低。**最理想的，是讓離職者對公司感激，仍有感情，就算將來沒機會幫你的忙，至少不會破壞你的名聲。**

用回鍋員工也有好處，定著性高，不需重新培訓

回鍋員工不需重新培訓，又學了外來的功夫，定著性也高，對內部員工也有正面影響。如果適任，不妨考慮任用。

為何摩托羅拉讓員工回鍋，表現良好甚至還能晉升？因為員工有時在同一家公司待久了，會想要去外面看看，**可是在其他公司繞了一圈而願意回鍋，表示自家公司某些方面比外界還好，回鍋之後就可望更穩定，定著性高。**

何況回鍋員工熟悉自家公司體制，過去培訓得差不多，許多職能都已具備，不是最好用嗎？此外，**他學了外面的功夫，有些職能是我們公司不具備的，或是比我們更好的，也能帶**

給公司不少的貢獻。

限制離職員工做同行，不合理

有些公司跟員工簽競業條款，不准員工到同行工作，我個人認為有時不盡合理。員工的本領與工作經驗就是做這一行，太嚴格的競業條款等於強迫他轉行，很難找到工作，甚至生活都無以為繼。

我個人認為，**要簽競業條款可以，公司必須保障該員工的生活**。例如一、兩年內不准到同業公司，原公司可支付半薪，在有保障的前提下，還算合理。假如沒有保障，只是單方面要求離職員工出去後不准做同類型的工作，對員工顯然不公平。

因此**要將心比心，只要離職員工不要太過分，大挖原公司的牆腳，或做出商業間諜的行為，其實轉職到同業有競爭關係的公司，是可以容許的**。而且原公司也要自我警惕，如果走了一個人，就把公司的業務給帶走了，是否表示公司的制度與銜接做得不好？應該反求諸己，而非一味責怪離職員工。

我相信人性本善，如果公司對離職員工好一點，他離開以後，也比較不會與原公司過度地競爭，做得太過分。但如果你的競業條款限制得太厲害，等他解禁之後，一定大做特做。

不毀年輕人前途，私下告誡，有時背黑鍋也值得

如果同仁犯了嚴重錯誤，例如工作上產生弊端，我會告誡他，這種行為是有道德瑕疵的，公司不能容忍，只有請他離開。未來他到其他公司，也絕不能再犯同樣的錯誤。

但一般而言，如果犯錯的是年輕人，我會選擇不公開真相。其實我沒有拆穿，其他員工大都猜得出他被我請走的原因。但我不明說，是為了**保護年輕人的未來，不要因他犯了一次錯誤，就讓他在業界有臭名，甚至再也找不到工作，毀了他的一生**。我認為做人要留有餘地，才不會結怨，為此，即使我需要背一些黑鍋，也是值得的。

結論：將心比心，善待離職員工

- 一般來說，同仁正式提出辭呈之後，幾乎沒有機會慰留。發現異狀就要提早慰留。
- 若確定無法慰留，就該盡力協助離職員工，並祝福他。

- 好聚好散，祝福離職者到別處發展，你的人脈觸角也會在無形中增加。
- 善待離職者，讓公司有好口碑，有利於未來的徵才。
- 回鍋員工不需重新培訓，又學了外來的功夫，定著性也高，不妨考慮任用。
- 要將心比心，簽競業條款又無保障，讓離職員工活不下去，並不合理。
- 應保護年輕人的未來，不要因他犯了一次錯誤，就讓他再也找不到工作，毀了他的一生。

19 大材小用、小材大用都不對

大材表現不佳，小材不知所措，問題在哪？

有一位主管人才H君，我面試過以後，覺得他的工作經驗、能力、個性都相當不錯，便交給底下的用人單位。用人單位正式錄用他之後一陣子，我再找H君談話，問他做得如何？沒想到他卻回答，做得不太順手，工作範圍也不大，好像無法發揮他的才能，以前所學也派不上用場。

我便詢問用人單位的主管，H君是不錯的人才，為何沒有交給他更多重要的任務？他回答，因為很多工作本來都已經有人在做，暫時找不到更好的大任務讓H君負責，只好指派一些打雜的工作給他做。

這位主管卻沒想到，如此安排，已經讓H君覺得公司不願重用他，想另謀高就了！

另一個是小材大用的故事，一位同仁進公司後適應不良，抓不到工作的重點與方向。我跟他懇談，問他說：「你的主管都沒有告訴你工作的範圍嗎？你有沒有問？」他回答說他有問，可是主管跟他說：「你什麼都可以做啊！要做什麼，跑哪些區域、哪些客戶、銷售哪個產品線，隨便你自己挑。」

於是他苦惱地說，他的經驗不多，主管這樣講，他實在不知道從何著手，又不好意思去追問，業績就一直沒有起色。

啟發與迷思

第一個故事的迷思是大材小用，好不容易晉用一個優秀人才，主管不賦予重任，只讓他做一些邊角、零散的工作。更糟的是，主管也不引導他，或是調整組織，給他較大的方向或空間去發揮長才，而是指派一些小工作讓他先做著就好。結果讓人才無從發揮，很想離開。

小材大用正好相反，對於一個經驗不夠、能力有限的同仁，主管給的工作範圍太大，同仁摸不著頭緒又不好意思問，反而適應不良。

對人才的長短處認知不足，未適才適所

為什麼會發生大材小用、小材大用的狀況？往往是用人單位主管對人才的長處與短處認知不足，才會無法適才適所，做出最佳安排。

用人單位在面試時，應該多花時間，對新進人才的條件、過去具備的能力等，做充分且深入的了解。如果主管夠了解他，在安排其工作內容的時候，就會慎重規劃，讓他發揮才能，為公司創造效益。

受限於原本組織結構，不願意改變重組

另外一個問題，是用人單位原本的組織結構，沒有因應新的人才來調整。剛才提到H君是個主管人才，假如組織結構不調整，大家可能覺得進來一位高級主管會格格不入，擺不平，導致用人單位無法對他委以重任，甚至隨便指派一些小型任務給他，心態上較為消極。

我建議這時候組織需要調整。當一個「大材」進入組織，原組織卻不肯動，只是把他放進一個小職位，自然會造成「小用」。**有時候需要大刀闊斧地重組，調開原主管或將工作重**

新分配，讓新進的優秀主管人才有足夠的任務空間，才能真正發揮戰力。

上層結構不對稱，容納不入大材，可能一山不容二虎

組織重組有時也跟「層級」有關。公司幹部分成許多層級，如果某位人才的能力與視野，跟他被安排的層級不對等，也會造成大材小用。

比方新進人才是處長級，可是原組織只有三個處長，大主管得過且過，不想變動組織，就把新進人才放到某位處長之下擔任部門主管。其實新人的能力、經驗並不輸給他的處長上司，卻得事事向上司報告，發揮空間受到局限，這就是不對稱，新進人才也會待不住。

這時候就**要為組織「分拆」出一個新的單位，讓人才的能力跟他的層級可以對等。**

還有個情況是**「一山不容二虎」，兩個很強的人擺在同一部門，有時可能會打架。然而若分拆放在兩個部門，各管一座山頭，那就相安無事。**

創造新平台，跳脫原來組織

剛剛談的是用人單位原組織「分拆」出新的單位、新的部門，讓新進的「大材」負責，以便發揮所長。可是這並不是唯一的解法。

有時候，若從原本的用人單位分拆，仍會受限於原單位，可能讓「大材」受到其他主管掣肘，不易發揮。**此時可從更大的視野，跳脫原來組織，為人才創造新的平台。例如成立從未有過的任務編組，讓他負責開發新產品、新客戶，負責新的業務區域等，甚至該平台所需的人員都重新招聘。**因為一個人才若真的優異，具備宏觀視野，他就應該有能力開闢新的戰場。

初期幫大材站台，必要時賦予特殊任務

每當聘僱一位新的同仁，或因為購併吸納新的人才，**特別是幹部級以上的大材，高階主管應該在一開始就想得深遠一點，評估、定位他的職責範圍與未來發展。**

由於新進的大材，會讓原團隊的同仁感覺他是空降部隊，高階主管賦予他更大權責的同

時，初期必須幫他站台，協助疏通問題，讓他順利接手，然後高階主管再退居幕後。

新進大材與原團隊的磨合，並非一蹴可幾，必要時，**高階主管可刻意地創造一個特殊任務，委由新進的大材負責，再從旁站台協助，藉機讓他自然地跟團隊成員互動，加深認同感與默契**。之後，當你對這位新進大材託付重任，他跟團隊就能同舟共濟。

小材需更聚焦，太寬無所適從

相反地，一個「小材」進入公司，你卻硬塞給他許多重要任務，肯定讓他吃不消。或是另外一種情形，一個普通水準或僅具備某方面專業的新人進入公司，問主管他可以做什麼，主管卻不給明確方向，反而說「什麼都可以做」，他就無所適從。

就像一座停車場空蕩蕩，停車就停得不工整，反正超出停車格也無所謂。但若兩邊都有車，就會停得整整齊齊。同樣地，**對於視野較小、能力一般的同仁，主管應該給他一個明確的方向，與特定的工作範圍，他往往能表現得不錯**。

結論：大材小材條件不同，應適才適所

- 用人單位在面試時，應該多花時間，對新進人才多做了解，給「大材」夠大的發揮空間。
- 有時候需要大刀闊斧地調整組織，讓新進的優秀主管人才有足夠的任務空間，才能真正發揮戰力。
- 人才的能力跟所在層級必須對等，為此，有時要為組織分拆出新的單位，讓新的主管人才來帶，也能避免「一山不容二虎」的情況。
- 除了原組織分拆，可從更大的視野，跳脫原來組織，為人才創造新的平台。
- 高階主管可刻意地創造一個特殊任務，委由新進的「大材」負責，再從旁站台協助，讓他跟團隊建立默契。
- 對於視野較小、能力一般的同仁，則應該給他明確方向與特定的工作範圍，他的表現會較佳。

20 選對幹部，管理大公司沒那麼難

管理兩百人就很辛苦，兩千、兩萬要怎麼辦？

當我出來創業，業務漸漸上軌道，公司員工達到兩百人的時候，我覺得管理起來很疲乏，問題一大堆。我看管理五百人公司的朋友好像很輕鬆，就去請教他，他沒給我答案。

等到我的公司成長到五百人，我又去問管一千人的朋友如何管理，他也沒答案。我的公司到了千人，再去跟兩千人大公司的老闆打聽，還是一無所獲。

後來我自己的公司達到一千五百名員工以上，我也就不問了，因為我自己已經有了體悟，不論公司員工是兩萬、兩千、兩百，還是二十人，其實跟負責人最接近一起共事的，可能還是二十人左右。如果這二十人你能挑對人才，也留得住，二十人各管二十人都能管好，規模就擴大成四百；四百人各管二十人，就變八千。

就算是幾萬人的大集團，總裁還是管那二十人，只是那二十人的職銜、能力、視野，已經擴張到子集團董事長、總經理的層級。總裁並不需要事必躬親，親自面對幾萬人，累得半死。想通這一點之後，我的心情頓時輕鬆不少，從此可以集中精神在培育二十位核心幹部上。

啟發與迷思

一般人的迷思，是容易被數字嚇到，聽到要管理上千人，就覺得一定很辛苦。另一個迷思是老闆事必躬親，不能有效授權，公司自然很難擴大。

這個故事的啟發在於，管理大公司最重要的是找對幹部。用對幹部，妥善授權，分層負責，就能帶好團隊。即使員工人數成長，也不必擔心。就像是金字塔的結構，每一層的幹部都管理好二十名以內的屬下，十分穩固。

選對幹部就像選太太，是一輩子的問題

任用幹部要有個基本態度，用人之前，就要假設這個人是不會離開的，公司也不希望他離開。

好像夫妻務求白頭偕老，不能離婚；選幹部也一樣，初衷就是跟他永久合作，除非不得已，不會散夥。**先做「不離不棄」的基本假設，你就會更加慎重，花更多時間面試，以求找對人才。**

善用金字塔管理模式，分層負責，適當授權

剛才提到老闆一人管二十名幹部，二十人各管二十人就是四百人，再往下一層就是八千人，結構就像金字塔，分層負責，適當授權。

何謂適當授權呢？對於最高主管來說，八〇％的簽核，應該由第一層小主管核決完畢，只有二〇％簽核到第二層；同樣地，第二層事務的八〇％，也由第二層小主管解決完，剩下的二〇％才簽核到第三層；接著第三層、第四層，依此類推。最後呈報到最高主管的事情，

都是最重要的二〇%簽核，如此**分層負責，可讓最高主管迅速掌握關鍵事務，用更多心力去關注，協助推動。**

因此，作為企業負責人，要把握最重要的二〇%事務，把大部分的核決權下放，給足夠的空間授權幹部決策，讓他們成長。**若負責人還是凡事自己決定，不肯授權，即使幹部很有能力，空有一身功夫，也無用武之地。**當幹部缺乏成就感，就會想要求去。

尊重職權與決定，共商對策

就像在家中，許多事情需要太太管理，你必須把決策權交給她，不要插手。對待幹部的道理是一樣的，該讓他做決定的事就要充分授權。**有了充分授權，幹部被賦予他自己做決策的範圍，老闆也尊重他的決定，不輕易插手，才能逐漸培養他獨當一面，成為管理團隊的將才。**

尊重幹部，除了對幹部職權內的事務，儘量不插手、不干涉之外，即使他來請教你，你還是要把他當成主責的人，不給太多意見，也不要強勢地自己跳出來決策，而是給他建議，並尊重他的最後決定。

更進一步，**遇到公司重大事務，可以找幹部共商對策，把他們當成能夠共商大事的對象**。即使不是他們負責的事，也願意徵求他們的意見，與他們討論，讓幹部有被尊重的感覺，漸漸就能培養出視野更寬闊、更全面的優秀幹部。

重視幹部，積極培育

幹部的角色非常重要。選對幹部是第一步，**當幹部進來之後，負責人也要花許多時間與幹部心談，培養感情，建立夥伴關係；藉由機會教育培育能力，讓他不斷成長，未來可以承擔管理團隊的重任**。

有時還要引進外部的訓練師資，責成人資舉辦培訓活動等等，公司必須重視人才、積極培育，才能讓幹部成為將才。

賦予不同任務，做全方位歷練

如果你期待業務成長，公司不斷擴大，你所培養的核心幹部未來一定會身居要職，管理許多人與許多部門。他們也需要逐步成長，具備全方位的能力才能勝任，例如業務出身的主管，到了高階，也要懂得行銷、研發、財務及管理等面向。

如何具備全方位的能力？需要實際去做，也就是擔任過相關的職務，才能訓練出來。換句話說，可能需要將幹部輪調，例如將某位業務出身的核心幹部，調到華南區、華北區、華東區擔任區業務主管，歷練他本來缺乏的行銷、管理能力。如果不這樣做，他的視野可能就會局限在跑業務，對行銷不熟，也缺乏區域的管理經驗，未來要拔擢成子公司總經理，就有困難。

其實到了負責子公司、子集團總經理的層級，光是懂業務、行銷還不夠，包括行政、法務、總務等許多層面，核心幹部都要有概念，才能獨當一面。因此，**需要讓重要幹部歷練或參與許多部門的運作，培養全方位能力，未來出任要職才會得心應手。**

利潤共享留住人才

當公司賺錢，應以互惠與三七分潤的精神，分層級設計激勵制度，將利潤與幹部共享。例如重要幹部有分紅，核心幹部有虛擬股票紅利等。

要把幹部當成夥伴，甚至類似合夥人的概念，在經濟面滿足他們，才能留住人才。他們也才會更用心付出，為你管理團隊，達成以金字塔模式有效管理的目標。

結論：選對幹部，尊重授權，用心培育

- 管理大公司，幹部是靈魂。先做「不離不棄」的基本假設，你就會更加慎重，花更多時間面試，以求選對幹部。
- 管理團隊建議以金字塔的管理模式，分層負責，適當授權，讓幹部有發揮空間，也尊重他的決定。
- 遇到公司重大事務，可以找幹部共商對策，徵詢意見，表示尊重。
- 當幹部進來之後，負責人要花許多時間與幹部心談，建立夥伴關係；也要透過內部機會教育、外部訓練師資，以培養其能力。
- 要讓重要幹部歷練或參與許多部門的運作，培養全方位能力，未來出任要職才會得心應手。
- 當公司賺錢，應以互惠與三七分潤的精神，將利潤與幹部共享。

21 選才是主管CP值最高的工作，設法讓應徵者選擇你！

面試要談十小時以上，晉用後反而很少談話？

我們公司有一位幹部，我在面試他的時候，每次都談兩、三個鐘頭，談了四次，花了十個小時以上。可是他進來公司以後半年，我都很少找他談話。有一天他忽然來問我：「當初面試的時候您跟我談那麼多，我以為進公司以後，您一定會很囉嗦，常常問東問西。沒想到半年來您幾乎都沒有找我，為什麼呢？」

我回答說：「在面試的時候，我已經花了許多時間深入了解你，才會晉用。你也是因為聽了我的分析，認識我們公司，覺得進來這裡對你的生涯發展有幫助，才會選擇我們，不是嗎？」

他自然同意我的看法，於是我繼續說：「但是面試之後，接下來你進入用人單位，就是該單位主管應該跟你對談，安排工作，進行日常的運作，那是用人單位主管的職權。除非發現特殊狀況，我不必也不宜插手太多。」

「既然我找對了人，放對了地方，就可以授權並信任用人單位，不必再花時間管你日常如何工作了，自然很少跟你再做長談。」

啟發與迷思

這個故事的啟發，第一是面試時，最高階主管要多花時間，確認應徵者的本質與能力。晉用後就可以省很多事，這些時間花得很值得，CP值高。即使未來沒有跟屬下經常談話，他也能把工作做好。

第二，屬下進入用人單位之後，最高階主管也應該交由用人單位和他溝通，不宜事事插手。如果仍然由我跟他說明工作細節，一天到晚長談，就會造成體制的混亂，公司的管理無法層次分明。

選對人才，能幫你解決問題，花三小時面試等於省了三年

重視人才，選對人才，比忙於工作的事務更重要。因為選對人才，事務問題他能幫你解決。因此面試務必要用心進行。

面試的時候，如果發現應徵者本質不佳，最高階主管可以很快做出決定，不必浪費彼此的時間。

但如果遇到有潛力的人才，花三小時，甚至好幾次三小時深入了解他，是值得的。這段面試過程對公司的意義是，這個人才既然有潛力，未來很可能受到重用，成為公司的棟梁之材。**花較長的時間了解他，可以確認是否選對了人，晉用後更能把他放對位置，讓他適才適所，發揮所長，後來就很輕鬆。**據我估計，可望為自己省下三年時間，非常划算。

但若面試時馬馬虎虎，結果正好相反。也許用錯了人，本質不佳，導致公司受到損害。也可能因為不夠了解對方，即使他是「對的人」，卻沒有放到正確位置，導致工作做不好，或是很快離職，主管們反而要耗費心力收尾，浪費更多時間。

要改變觀念，雙方都有選擇的權利

建議老闆改變觀念，不要認為自己是雇主，就比較偉大。其實**雇主與應徵者雙方都有選擇的權利，雙方是對等的**。雖說公司在面試應徵者，其實應徵者何嘗不是在選擇加入哪一間公司？

如果沒有正確的心態，雇主的態度就可能高高在上，例如面試時間一改再改，不願與應徵者協商配合，對於應徵者的需求覺得無所謂等等，均不利於爭取人才。

用誠意及願景感動應徵者

還有一個觀念，雇主要用誠意及願景感動應徵者。經常遇到一些案例，面試應徵者之後，過了兩個星期再跟他聯絡，他已經被其他公司聘請了。問他為什麼去另一家？往往是因為對方由董事長或總經理親自面試，陪他一起用餐等等。這些做法，都會讓應徵者感覺到，好像這家公司比較尊重他，較有誠意，便打動他投效，凡此種種，都是薪資與福利之外的影響因素。

此外，分享公司願景也是打動應徵者的一個方式。**即使在他應徵的職務中，你提供的薪資條件不是最高，但公司的願景與使命讓他認同，也可能吸引他加入。**

長時間深談，找出契合點

另外，**花較長時間面試，能讓應徵者更認識公司的潛力，找出彼此的契合點，有助於爭取人才。**

想找出契合點，一定要花較長的時間。如果面試就像「沾醬油」，公事公辦，主管換個名片、打聲招呼就離開，其他條件交給人資去談，就無法在員工到職之前，了解這個人能做哪些事，能力到達什麼程度。

但若主管願意花足夠的時間深談，無論這個人未來進入哪個部門，你都知道他的能力與特質。**假使未來有些職位出缺，或有特殊任務需求，你就知道如何調兵遣將，對你是非常有利的。**另一方面，若發現雙方「不契合」，也可以及早淘汰。

掌握漏斗式提問及舉例說明技巧，選對人才

要達到最佳面談效果，不是單純提問就可以辦到。而是**掌握漏斗技巧，從「開放式的問題」開始，再從應徵者回答的內容中詢問各項細節**。不要只問封閉式的問題，才能避免應徵者實問虛答，避重就輕，進而看出他的本質、能力，及對於某個職缺是否適任。

舉例來說，可問應徵者，他在過去公司做過最驕傲的一件事，當時他是如何做的？**把握「情況、行動、結果」三段問法，逐步問清楚，要求對方舉例說明**。問他是在什麼情況下，採取什麼樣的行動，得到什麼樣的成果，當時的情緒或感想如何？仔細聆聽應徵者是否有條理地描述細節，就知道他是否說出真正的經歷。若應徵者的經驗不足或膨風，此時就會露出馬腳。

主管也要留意聆聽弦外之音，或應徵者在回答時，不經意說出的經歷，與他的價值觀。你經常可以從這些地方，發掘出應徵者的本質，或發現他與團隊的合作狀況等資訊。

不只談薪資，職涯發展等都是說服應徵者的好誘因

人人都關心自己的職業生涯發展，如：他的工作是否有成就感；你讓他負責的工作有無機會讓他獨當一面；假如做得好，有沒有升遷的機會等。

此外，公司是否提供一個良好的學習環境，讓應徵者成長？老闆或主管的領導能力如何？是否讓他覺得值得跟隨，可以從主管身上學到東西？這些條件都是說服應徵者的好誘因。

至於工作性質與薪資福利，只是誘因之一。雖然它們占的比重也不小，但往往對於相近的職務，薪資不會相差太大。如果只差五％、一〇％以內，反而職涯發展、成就感、學習環境這些因素，可能成為應徵者決定應聘的關鍵因素。

因為起薪並非重點，也許短期內，他在我們公司的薪資會比別處稍差一點，但職涯發展的規劃有吸引力，讓他覺得若發揮所長，有機會三級跳，最後的薪資福利可能比外界好很多，CP值反而高，他就可能願意投效。

結論：看重面試，選對人才，積極留才

- 花時間選對人，深入了解他，放對位置，適才適所，雇主後來就很輕鬆。
- 雇主與應徵者雙方都有選擇的權利，地位是對等的。
- 長時間面試，能讓應徵者更認識公司，找出彼此的契合點，有助於爭取人才。
- 面試時掌握漏斗式提問技巧，提出開放式問題，要求對方舉例說明，再逐步追問，就能看出應徵者真正的本質與能力。
- 起薪並非重點，若職涯發展的規劃有吸引力，最後的薪資福利可能更好，CP值反而高。面試時應花時間跟應徵者詳加說明。

22 育才須重視機會教育與內外訓，給予舞台、授權並容錯

機會教育，時機很重要

有一位從我公司離職的幹部，自己去創業已經當老闆了，某次跟我吃飯聊天談到，從前他送出貨簽核單給我，我都會問很多問題，得到滿意答案才肯簽，包括：這家客戶過去跟誰買？為什麼要跟我們買？未來客戶採購零組件生產，大概會有多少量？客戶的財務狀況如何？打算放給他多少信用額度？我們的競爭力強嗎？我們的競爭者狀況如何？對方的負責窗口是誰？層級有多高？

他很老實地說，一開始他答不出來，經常要來來回回去查，難免覺得我很嘮叨。但現在他卻很感謝，因為他自己當老闆以後，發現當初的那些訓練，讓他有能力判斷某一家客戶的

生意是否值得做？如何做有效的客戶拜訪？他的受益最大，學習最多，當時我不厭其煩地提醒，後來都成為他經營公司、訓練屬下的養分。

同樣地，幾乎每一次，我跟屬下要向原廠做簡報，我就先把屬下找來，討論整個簡報可能的架構，把表單的呈現方式弄出來，並提示簡報的重點，每一頁大概有哪些內容等等。換句話說，在簡報之前，我就已經在做機會教育，告知屬下許多訣竅，讓他去蒐集資料，照我們討論出來的架構完成簡報。他把簡報完成以後，我甚至會要求他試講好幾遍，我再一次次進行修正。

這段過程當然很辛苦，但成果也不錯，正式簡報之後，對方反應很好。屬下正在得意的時候，沒想到我又找他檢討，剛才時間掌握可以如何改善？內容表達哪裡不夠清楚？他當時哀哀叫，等到下次再簡報時才知道，無形中他已經駕輕就熟，簡報的功力提升了許多！

啟發與迷思

上述故事的啟發是，在屬下工作的情境進行機會教育，效果最好。以簽核單為例，屬下不回答我的問題我就不簽，他就非做功課不可。當然做這些功課，對他能力的提升，以及未來開發客戶、提升業績等，都有幫助。

簡報也是一樣，因為有這項任務，就能對屬下進行徹底的機會教育，教他架構，要求他準備，準備完再修改、試講，實際講完再進行檢討。因為是他「自己的」簡報，他自然不能馬虎、應付了事。

機會教育重於一切，有情境是最有效的傳授方式

機會教育為何有效？首先，因為事情發生在屬下身上，跟他切身的業績或績效有關，讓他有動機認真學。其次，**機會教育有「現學現賣」的特性，屬下學到的訣竅馬上就能在實際的情境中練習，並進行修正，因此印象最為深刻。**

如果是去外面上培訓課程，或讀一本書，即使內容很棒，對屬下來說都是理論，或是「別人的」經驗，他沒有切身的感覺。就算他覺得很有道理，也很少會把讀到的方法認真演練一遍。然而在機會教育的情境中，他卻非做不可。

對主管而言，跟屬下每天面對工作上的真實問題，無論開會、簡報、吃飯，機會教育的契機隨時都存在。因此，**只要掌握機會教育，主管就有最多機會，在有情境的狀況下，把經**

驗傳授給屬下，比任何培訓課程都頻繁而有效。

內部講師享有榮譽感，也有教學相長的效果

機會教育重於一切，但還是有限制，它必須在屬下「碰到」某個工作情境的時候才會發生，例如送上一張簽核單，拜訪一家客戶，或進行簡報等。因此，它通常無法涵蓋屬下需要的「所有」學習或訓練。

當你希望資深同仁更熟悉事務，同時把某些專業知識、knowhow傳承給新進的同仁，安排資深同仁擔任內部講師，是一個好方法。為什麼它會有效？因為**每一位同仁或主管，當他被指派「當講師」的時候，由於必須講給別人聽，而且要回答其他人的問題，他往往會特別認真準備，自己也因此吸收了更多的知識**。

平常請同仁讀一本書，或研讀一門專業知識，他還可以偷個懶，主管不易稽核。但要他當講師就見真章了，因為榮譽感的驅使，他非準備不可。**教學相長，聽眾聽了會有收穫，甚至聽眾問的問題還可以幫助講師思考得更加深入。**

術業有專攻，借專家來啟發，培訓兼做團建

某些技能，公司的內部同仁已經具備，可以用內部講師的方式進行培訓。但**某些公司缺乏的專業內容，例如領導、教練、激勵、群體動力、工具類知識等，公司內部未必有相關人才、資料或訓練方法，這時就需要外聘專家或顧問來授課。**

所謂領導、教練、激勵等，未必公司自己沒有做，只是外聘講師長期專注於這些訓練，課程完整，邏輯清晰，有表單、有工具，可能帶來更好的培訓效果。即使內部幹部不能完全吸收，只要其中有一、兩點能夠啟發他們，我就覺得很值得。

此外，培訓的另一個效益就是團隊建立。比方拉到外地舉辦共識營，可能兩到三天，大家到了外地，放下工作，放鬆地喝酒聚餐，彼此交流可能更頻繁。或是在營隊的工作坊當中，大家也可以分享經驗，**平時各忙各的，都不知道彼此的工作重點，工作坊就是團隊建立最好的機會，可以凝聚出更高效的團隊。**

給予適當的舞台，適當地授權，幫忙站台

對於每位同仁，尤其是幹部，必須給予適當的舞台。大材小用可能讓人心灰意冷，小材大用則會讓他無所適從，

育才的原則，是根據同仁的能力，安排適當的舞台。主管且要適當地授權，只掌握二〇%最重要的事件。**在任務執行前，主管還要幫同仁站台，讓他建立威信，易於推動各項工作。**

容許學習曲線的錯誤，不輕易埋單回來

當主管授權給屬下，常見的問題是授權之後，主管看屬下的工作方式，跟自己想像的不太一樣，或執行不順利，就輕易地埋單回來自己做。這樣屬下永遠學不會。

主管應該允許屬下犯錯，走過學習曲線的歷程，給屬下機會與時間去做，做錯了再發回修正。每次修正都是機會教育，讓屬下每次進步一點點，直到他能夠獨當一面為止。

主管輕易拿回來自己做，看似省時省事，其實是浪費自己的生命。**主管應該把自己定位**

為教練，以育才為要務，能夠容錯，把人訓練起來，之後才能真正節省時間。

借輪調制度訓練出全方位幹部，儲備未來人才

我認為，**公司內部最好能建立輪調的制度，讓幹部具備全方位的能力，成為未來的領導人才。這是育才的一大關鍵。**

通常在某個職位、某個領域做久了，視野會受到局限。比方一家在兩岸布點的公司，一個業務只跑台灣區，沒有到大陸華南、華北去歷練，了解當地的狀況，成長有限。可是如果讓他有機會跳，台灣區做到一個程度，表現不錯，就調去大陸歷練，他學到的竅門與能力就不同。不只是地區，其他方面也可以輪調，例如某個產品線的業務做得很成功，就調去另一條有潛力的新產品線進行開發。

到了某個層級，原本出身業務的主管，還要學會管理，或歷練行政、法務、財務，對產品的技術與研發，或公司的ＭＩＳ都要有概念。換句話說，需要經過許多職務的輪調，才能培育幹部具備全方位的能力，甚至到達子公司總經理的層級。

結論：企業育才有方法

- 機會教育跟同仁切身相關，而且要現學現賣，是最有效的！
- 可以讓同仁擔任內部講師，刺激他認真準備，收教學相長之效。
- 某些專業或訓練，適合外聘講師來授課，舉辦工作坊，進行團隊建立。
- 主管需要授權給屬下，給予適當舞台，並幫屬下站台。
- 主管要把自己定位為教練，能夠容錯，把人訓練起來，才能真正節省時間。
- 公司內部可建立輪調的制度，讓幹部具備全方位的能力，這是育才的關鍵。

第三章

創新服務篇

23 解決客戶痛點就是創意，人人都可以創新

空肥皂盒的故事

一家公司生產肥皂，生意不錯，但經常遭到客訴，說他們品質不良。問題出在哪裡？原來一箱肥皂中有許多盒肥皂，偶而其中一、兩盒是空的，造成客訴。

接到這些客訴，從老闆到高階主管、研發人員等都認真檢討，討論該購買什麼昂貴的精密儀器能夠透視盒子中是否有東西，把儀器加裝到產線上來測試等等。

後來某幹部跟第一線員工聊起這件事，基層員工卻回應：「這應該不會很難吧？買一台很便宜的大電風扇，在肥皂裝盒之後、裝箱之前的生產線上吹一吹，沒裝肥皂的盒子是空的，一下就被吹走，問題就解決了，何必買昂貴的透視儀器呢？」

啟發與迷思

這個故事給我們的啟發是，解決痛點就是創意。

企業常有的迷思是官大學問大，或是有慣性思維，一碰到問題，就要採購昂貴儀器來解決。其實基層員工在第一線，可能比高階主管更清楚如何解決問題，他們的創意也不該忽視呢。不妨多跟基層員工討論，吸收有用的意見。

多一小步服務，解決客戶痛點就是創新

許多人強調創新，談到種種創新的定義，其實解決客戶痛點就是創新。創新往往從對客戶的「多一小步服務」作為起點，關鍵在於發現客戶有什麼地方覺得不方便，並幫他解決這個問題。

因此，我個人認為創新未必來自什麼了不起的理論，或是一定要用高科技、獨特專利等等。創新的可能性很多，**甚至是別人用過的方法，只要在自己公司沒實行過，而且能解決問題，也算是公司內的創新。**

對內創新流程，對外創新模式

無論是對內部的同仁，或對外部的客戶，只要你提出一個沒人想過或沒做過的好辦法，能解決他們的痛點與問題，那就是創新！

對內的創新我稱為「創新流程」，主要是在企業內部改善流程，讓效率更高。做法可能包括：改變組織、改變作業流程、簡化簽核流程、藉生產線調動提升效率，例如線性的生產線某部分改成平行處理等。

對外的商業行為創新我稱為「創新模式」，包括：商業模式、獲利來源、行銷推廣、營運策略等，終極目標是提升業績與獲利。例如本來試吃或樣品要費用，改成免費，帶動後續的消費與訂單。本來只有少數直營店，自產自銷，改為找更多經銷商代銷。原本只做媒體與網路廣告，挪出預算透過直營店、經銷商廣發試吃品等。

創造需求，跨越邊界：換個角度，紅海變藍海

所謂跨越邊界，意思是跨越市場邊界與業態，創造出新的需求。比方黑米本來只是一種

食品，用於甜點或餐點。當有研究發現黑米是低GI食物，升糖慢，經過行銷，就創造出新需求，讓糖尿病人、重視養生健康的人可能來買。於是黑米從食品、糕餅業跨到保健食品，這就是跨越邊界。

類似的例子很多，例如爆米花本來是零食，價格低廉，加了松露、蜂蜜等高級食材搭配精美包裝，一桶可能賣五百元，顧客主要是買來當伴手禮，讓它跨到禮品業。巧克力原本也是零食，訴求美味好吃，但高級巧克力訴求原料健康，以原豆原脂製成，不加棕櫚油或其他添加物，對於心血管與腦有益處，就跨到保健食品。**因為業態轉變，產品有機會從高競爭性的紅海市場，切入更寬廣的藍海市場。**

跳出框框，異業結合，開創無限可能

創新的想法往往要跳出既有框架。以電動機車為例，原本的框架是機車加油習慣到加油站，充電跟加油類似，所以電動機車換電池的「換電站」理所當然也應該考慮設在加油站。

但加油與充電在生意上是衝突的，如果電動機車愈來愈多，加油的機車就會變少，其結果就是油品公司經營的加油站，未必有意願增設換電站。

電動機車業者想通了「跳出框框，異業結合」的道理，後來便不拘泥於加油站，自行規劃「小型換電站」，只要有空間、能供電的店面都能設置，客人可以到換電站換完電池就走，也可能順便進去買東西。於是便利商店、早餐店、銀行前面都可以設置，**客人來換電池還可能光顧店家的生意，達成雙贏，讓換電站的數量迅速增加。**

創新不分上下，應製造機會，人人腦力激盪，不忽略基層創意

創新不分上下，人人平等，大家都可能有創新能力。**主管應鼓勵從上到下的同仁都參與腦力激盪，思考如何對客戶做更好的服務，或改善內部的流程讓同仁更方便。應由主管製造機會表達，讓每位同仁都能說出自己的創意。**

尤其要注意，不要忽略了基層員工的創意，或因為看不起基層，輕易扼殺他們的想法。基層員工有第一線的實務經驗，想出來的辦法，有時比高階主管的想法更有效、更直接，而且節省成本！

不馬上說不、扼殺創意，跳出框框、加減乘除後再定案

避免扼殺創意有一個關鍵要點，當同仁提出一個創意，不要馬上說no！

以連鎖超商發想「揪感心」服務為例，有人提議下雨天提供客人愛心傘，馬上被主管打槍，說傘很貴，要是客人不還一定會虧錢，會影響店裡賣傘的生意等等，立刻就否決了。

然而，當我們仔細思考，卻會發現，如果跳出框框思考，愛心傘上可以印廠商的廣告，收廣告費降低傘的成本。再經過加減乘除，意思是把客人還傘的比例，和傘的成本加以精算，再計入提供愛心傘帶來的形象效益、客人流量增加，以及客人為了還傘會增加的消費，連鎖超商不但不會吃虧，效益還會很可觀，遠超過雨天賣傘被愛心傘影響的少數收益。

因此，遇到一個新創意，就算看似不可行，千萬不要馬上扼殺；應「out of box」跳出原本的框框思考，而且加減乘除，考慮各種因素後，再行定案。

創新無界限，不是產品而已

有些人把創新的領域局限在產品，認為推出新產品之類的事才叫創新。其實**創新的領域**

很多，從商業模式、網路、企業結構、流程、產品、系統、服務、通路、品牌、客戶參與，在這十個領域甚至更多地方，都可能有創新之處。

不要誤以為創新一定需要推動「大規模」的改變，或是所謂「大事件」，重點是要解決問題。比方只是一個流程或系統的小改變，能夠「多一小步」帶來改善，這種創新也值得受到肯定。

創新可以有目標及激勵

創新也可以訂定目標，比如每個部門在每一個年度，要提出多少個創新概念，甚至舉辦競賽，提供獎勵。假使有比賽或激勵制度，創意發想可能進行得更好。

反過來說，沒有腦力激盪的會議，創新則沒有機會開始。如果沒有創新的目標，或是缺少激勵的誘因，各部門往往忙於日常事務，根本不會動，不會去思考一些新點子，帶來創新產品與創新服務。

進一步談，**如果同仁提出一些創新想法，確實提升執行效率、獲利、客戶流量等，更要即時給予獎勵，鼓舞創新。**

結論：創新人人可做，需要製造機會

- 無論是對外或對內，只要提出新方法，能解決痛點，那就是創新！
- 發揮創意，跨越業態邊界，有機會讓產品從紅海變藍海。
- 跳出框框，異業結合，可能解決本來無解的經營難題。
- 主管應製造機會讓同仁表達，舉辦腦力激盪的會議，鼓勵人人創新。
- 千萬不要扼殺創意！應該先接納，並跳出原本的框框思考，而且加減乘除，考慮各種因素後，再行定案。
- 創新的領域很多，不是產品而已，也未必是所謂大事件，小改善也是創新。
- 創新可以訂定目標，甚至舉辦競賽，提供獎勵。

24 善用共享經濟創造雙贏策略，羊毛出在牛身上

一張一九．一八歐元的照片

我在挪威搭遊艇，有個服務很貴，但是大家都搶著買。原來是導遊介紹攝影師幫我們拍照，經過美肌修圖，還加上雜誌封面的格式，讓遊客好像成了雜誌上的名人。他們弄完拿平板給客人看照片，進行兜售，如果客人想買，印出來加上精美的外框，一張賣一九．一八歐元，價錢不便宜，生意卻很好，幾乎沒有人不埋單。

我跟遊艇上拿大砲鏡頭的業餘攝影師聊起，本來他拍照只為興趣，在這裡卻變成了類似優步（Uber）司機，上網接單，幫遊客拍照賺些外快。我問他那些很像雜誌封面的美編也是他做的嗎？他說不是，是回傳中央攝影棚，請美編用修圖軟體做的，做完就會傳回他的平

板，讓他賣給遊客。

我恍然大悟，原來從導遊介紹，到攝影師拍照、中央攝影棚修圖，整個服務都是一條龍。遊客也能當一回虛擬的雜誌封面人物，過過乾癮。這是一種共享經濟呀！

旅行社為何幫導遊買iPhone？

另一個例子也跟旅行和攝影有關。出國旅遊通常都要照團體照，為了不同的人都要分到照片，常常有五、六個人提供自己的相機，每台相機都要調整，浪費很多時間。而且為了擺姿勢，常把大家弄得很累，笑得臉都僵了。

有一家旅行社的老闆，在我的演講聽我分享多一小步服務的概念，就想出方法解決拍團體照的痛點。他的做法，是幫每位導遊採購一台照相功能很不錯的iPhone手機，再請專業人士訓練導遊的照相技術。

由於導遊的相機好、技術佳，大家都樂於分享他的照片，照團體照就很快，導遊一台相機就搞定，省下拍照的時間，讓團員有更多時間遊玩逛街。導遊又宣布請團員提供Line帳號，加入一個群組，方便下載照片，大家都很樂意加入。

後來行程中的重要公告，集合的時間地點，都是用這個Line群組通知，非常方便，導遊還可以透過群組宣傳一下自家的優惠行程。團員返國後，也能用Line委託導遊幫忙代購國外的產品，讓導遊跟旅行社賺點佣金，皆大歡喜。

啟發與迷思

第一個故事的啟發，重點是「共享」。比如中央攝影棚不用自己買相機，共享了攝影師既有的器材技術，業餘攝影師、導遊、旅客也一樣，都利用了彼此的資源，獲得想要的結果。諸如優步的共享經濟商業模式都是類似的概念。

第二段故事的啟發是「羊毛出在牛身上」。旅行社幫導遊買iPhone，替導遊培訓，乍看都是自己花錢，但旅行社卻不是拉高旅客的團費來支付iPhone成本，羊毛不是出在羊身上，而是從「牛」身上來的，也就是從其他加值服務如代購等賺來的。

雙贏的優步概念，共享別人資源，自己資源與別人共享

剛才第一個故事提到，中央攝影棚不用自己買相機，而是類似優步徵司機，在網路徵求業餘攝影師接案，拍了遊客以後回傳，他們編輯後，賺取收益。這是一種共享經濟，利他又利己。

同樣地，業餘攝影師等於共享了中央攝影棚的修圖和美編資源，幫自己賺外快。中央攝影棚、攝影師也都利用了導遊帶來的客源，導遊則賺到佣金。遊客如果願意付一點錢，可賺到單眼相機拍的漂亮照片，作為旅途中難得的紀念品，如果事事都要自己來，絕對做不出這麼高的品質。可見，**藉由共享彼此的資源，可以讓營運成本降低，品質還可望提升**。

優步不也是如此嗎？駕駛人有一輛好車，與人共享空閒時間、車輛與駕駛技術，在網路上接單當司機。優步平台媒合駕駛與客人，收取佣金。客人則得到便利的服務，用同樣的價錢搭到高級車。

把自己的資源與別人共享，創造雙贏，優步等非常成功的共享經濟體系，都是運用了這樣的概念。

利他又利己，各取所需，羊毛出在牛身上

在第二個故事中，因為有地陪導覽，台灣去的導遊本來就有閒功夫。**旅行社提供很好的iPhone，讓導遊把這些空閒的時間分享出來，幫團員拍團體照，旅行社就充分利用了導遊的時間資源。**

因為導遊有好的相機，照相技術也不錯，團員就利用了他的資源。當然團員也有付出，就是提供自身的Line帳號，讓導遊通知訊息更方便，工作更輕鬆，創造雙贏。

團員有沒有贏？也贏了。因為團員省下拍照的時間，玩得更盡興，得到好的照片，還有機會加購國外的產品，許多事情都更方便了。

至於旅行社的iPhone成本，則透過第三方或其他綜合效益賺回來，羊毛出在牛身上。例如：取得團員的Line，可以透過群組打廣告，賺到廣告效益；推國外產品代購生意，可拓展營業額成長等，並不需要因此調漲團費。

利用別人資源，被分潤不見得降低淨利

利用別人的資源，別人當然要分潤，但我們自己的淨利未必會降低。以糕餅店為例，開一家店本來就要有基本的開銷，例如店租和水電等，如果自己做蛋糕，都是自己開店來賣，要付出的成本其實不少。

比方說，假如我製作蛋糕，交給經銷商去賣，或交由其他商店的通路去銷售，他要抽成三〇％，我的淨利不一定會輸給自己銷售，因為店面等成本是別人攤提。

同時，經銷商跟其他商店也會賺錢，因為他們已經開了店，基本開銷已經攤提完畢了，所以賣我的蛋糕等於是多賺。

自己資源被共用，毛利較低但收到邊際效益

當生產商自己有經銷通路，生產產品並自行銷售賺錢，且假定毛利要四〇％才有利潤；此時，經銷商要來共用他的生產資源，表示可幫忙代銷，但要分走二〇％的毛利，生產商也未必吃虧，淨利不一定會降低，為什麼？

因為生產商基本的開銷已經攤提了，多做的產品給經銷商去賣，就算毛利較低，收到的邊際效益還是可能有賺頭，甚至比本來的淨利還高。**對於生產商、經銷商都是一樣，只要攤提了基本開銷，多製作或多銷售的產品，即使被人分潤，還是可能會賺錢，淨利不一定會降低。**

透過共享才可以擴大層面

反過來說，**若是生產者不願共享生產資源，例如認為經銷商要分走二〇%毛利，賺得太多，他不願意，最後他的生意就做不大。可見，要資源共享才能擴大營運的層面。**

這個共享概念也可以用於試吃與試用。例如某廠商推出一種巧克力，不但好吃而且用料很健康，有益人體，這家廠商就深諳「共享」的好處，免費把巧克力提供給某位人脈很廣的講師，作為上課的伴手禮，請他每次上完課推薦幾句，把巧克力送給大家。

講師得到免費的伴手禮資源，當然高興，但巧克力廠商並不吃虧，因為他付出的贈品成本，可以從節省廣告費及推廣後的銷售賺回來，他等於共享了該講師的學員人脈，擴大市場。

從被動式行銷走入主動式行銷

想通了這個道理，生產商甚至可以更進一步，「主動」爭取經銷商。以剛才生產蛋糕為例，原本生產商可能只有兩家店面，卻需要攤提蛋糕工廠的基本開銷。但有了共享的概念，他就可能主動去請人經銷。

主動爭取來的經銷商，當然跟蛋糕商原本的通路並不衝突，但卻可以把銷售產品的店面，迅速擴展到十家、二十家。可是蛋糕工廠的開銷並不會增加太多，只要付出原料與人力成本，就能追加生產，結果蛋糕廠的獲利自然增加。

因此，主動跟別人「共享」自己擁有的資源，往往是事業成功與營收擴張的重要因素。

結論：共享資源，創造雙贏

- 把自身的資源、空閒的時間跟別人共享，有機會創造雙贏。
- 藉由共享彼此的資源，可以讓營運成本降低，品質還可望提升，各取所需，互蒙其利。像優步等非常成功的共享經濟體系，都運用了類似的概念。

- 傳統觀念上，提供新的服務要提高收費，羊毛出在羊身上。但新的觀念，成本卻可能透過第三方或其他綜合效益賺回來，讓羊毛出在牛身上。
- 對於生產商、經銷商都是一樣，只要攤提了基本開銷，多製作或多銷售的產品，即使被人分潤，淨利也不一定會降低。
- 主動跟別人「共享」自己擁有的資源，往往是營收擴張的重要因素。

25 善用試吃試用，營造創新商業模式

為何店家大方提供試吃，獲利較豐？

我輔導過許多新創企業調整經營模式，自己也是消費者，常常從旁觀察企業成功的原因。我發現許多成功者的策略，都有異曲同工之妙。

某知名的鳳梨酥品牌，它提供客人試吃是非常大方的，不僅整塊提供，還請客人喝茶，經營者看似付出很多成本。其實等它打響品牌，銷售量迅速攀升，不但統統賺回來，且創造更大的營收。

英國銷售威士忌的策略也類似，在觀光區附近的酒廠，或機場的威士忌專賣店，讓遊客免費試喝，開了四、五十瓶高級威士忌，酒精濃度從四十度到五十八度，應有盡有；也有來

自不同產區，或不同風味的威士忌，例如單一麥芽、調和麥芽，或是以「過桶法」生產的雪莉桶、波本桶威士忌等，請客人試飲。

當客人走近，服務人員會詢問你想試喝哪幾款？選好以後，每種免費提供一小杯給你，喝了三杯以後，再問你哪一種比較好喝？也許顧客對威士忌是外行，可是人性怎肯服輸？不懂也要裝懂。通常顧客都會充內行發表高見，也許覺得他在第二杯喝出某種風味，酒氣比較香醇，不會辣而較為順口等等，銷售員就會順著顧客的話推薦，這一款的確很不錯，最近價格也便宜，要不要帶一、兩瓶回去？多數的顧客都不會拒絕。

賣水果也是一樣，琳瑯滿目陳列出來，大方地請客人試吃，問客人哪一種最好？其實無論你選擇哪一種，能成交就是最好的。

啟發與迷思

這段故事的啟發，首先是試吃體驗的效果顯著。免費的試吃試用，人人都愛。尤其是食品，沒有經過試吃，不知道口感如何，客人通常不會下手購買。如果大方提供試吃試飲，甚至提供多種口味，成交機會將大為增加。

而試吃所花的費用，通常比起行銷費用還要少。為什麼？因為試吃體驗給消費者的感受更直接而有效，成交比率甚高，算起來比網路廣告的成本更低。

試吃會增加成交機會，成本應該用實際成本計算

試吃會增加成交的機會，但對經營者而言，最常聽到的顧慮就是成本問題，所以試吃品往往切得小小的，讓客人沒有什麼感覺。我建議不妨加減乘除、精算一下。

一塊蛋糕售價五十元，通常成本只有售價的兩到三成。假設高一點，成本占三成好了，一盒蛋糕裝十二塊，顧客吃了我一整塊，不好意思不買，很可能會成交一整盒，一盒六百元，扣掉三成成本，我就賺了四百二十元。

可是且慢，有人會問，試吃的成本還沒有算。也許有人吃了不買，給他吃價值五十元的整塊蛋糕，不是很虧嗎？這種心態會導致店家捨不得。其實這個算法不正確，售價五十元的一塊蛋糕，實際成本只有十五元。四百二十除以十五是二十八，精算下來，給二十八個人每人試吃一塊蛋糕，只要有一個人買一盒，店家就回本了。這樣一想，店家就會大方，請客人儘量吃吧！而根據實際經驗，如果顧客坐下來吃了一塊蛋糕，總得坐一會兒，讓銷售員跟他

互動，成交的機率會比二十八分之一高出很多很多，店家也因此而獲利。

如果是酒類的免費試飲，可能成本更低。因為一瓶酒的成本只有定價的兩成，定價一千元的一瓶酒，成本只有兩百元，每賣出一瓶賺八百元，等於我開四瓶給客人試喝，只要有一個人買一瓶就回本了。開四瓶足以分給一百人以上試飲，但實際的成交機率，卻比百分之一高得多！因此，在**擬定試吃試用策略的時候，建議按照實際成本與成交率計算，通常會發現，大方提供試吃來提高成交率，其實是提升獲利的較佳策略。**

吃人嘴軟，客戶不懂也裝懂

試吃的銷售策略與心理學有關，首先是吃人嘴軟，客人既然已經試吃，不好意思不買。這時候，試吃的分量大方一點，效果會比較好。如果只是小小一塊，塞牙縫都不夠，客人不會覺得有什麼心理負擔，但如果吃了一整塊，不買一點東西，心裡總是覺得怪怪的。根據我的觀察，對男性客人來說，這個心理戰術還會更有效。

而高明的試吃體驗，更結合人性，客戶不懂也會裝懂。像是許多酒廠，提供裝潢華麗高級、感覺很專業的試飲環境，讓顧客對產品做選擇，請顧客發表他的觀點等等，讓他們感覺到自己是行家、有品味，對自己的選擇產生認同感。既然顧客自己都說了某樣產品好，當然更樂意掏錢出來購買。

試吃者無形中變推銷員

某個鳳梨酥老闆剛創業的時候，每次來拜訪我都拎著六盒鳳梨酥，每盒都有八個或十個，我根本吃不完。剛開始我搞不懂，感覺很納悶。後來我問對方為何送這麼多？他說我知道你吃一盒就膩了，一定會拿去送人，送的時候也一定會說，這是最好的鳳梨酥，原料用正牌的台灣土鳳梨，最好的糖、雞蛋、麵粉，這些話從你這位董事長口中說出來，可信度當然大大提升。

換句話說，他提供許多鳳梨酥給我試吃，還有多的可以送人，我就自然成為他的推銷員。這個做法可以用在意見領袖身上，效果較好。對一般顧客雖然不可能送這麼多，但**如果你提供較大方的試吃，他吃了很滿意，也可能幫你推銷，甚至跟朋友說，下次可以去某家店，提供試吃很大方，你無形中又得到了新的顧客。**

高價品的試用，應該用折舊金額精算成本，擬定策略

試用也不限於食品或日用品，可以包括各種產品。**尤其是高價的產品如車輛等，提供試用，可以減少顧客的猶豫不決或疑慮，容易下定決心購買。**

以福特汽車讓客人試開為例，就提出試開兩天不滿意再退還的方案。其實客人花了時間試駕，讓銷售員有更多時間跟他互動，成交機率通常會大為提升。

當然試開不代表一定成交，客人試開過的車也無法以原價賣出，通常要打折，價值一百五十萬的車可能要便宜十五萬銷掉。這時不妨精算看看，比方一輛車平均可以給五十人試開，其中一半會成交，賣出二十五輛，每輛經銷商可賺三萬，共賺七十五萬，而試開車的折舊金額是十五萬，結算是賺六十萬。但如果不提供試開，也許平均只能成交十五輛，共賺四十五萬。**運用折舊金額計算就會發現，提供試開是比較有利的。**

試吃試用當作行銷費用，比廣告划算

重視試吃試用還有一個理由，就是廣告行銷的成本非常高。無論透過媒體、網路、Line

或任何社群，得到一個客戶的費用都不便宜。花一塊錢行銷可能做到五塊錢的生意，我的行銷費用率就是二〇％，這個比率八九不離十，大概跑不掉。

當然行銷還是要做，否則你的產品根本沒人知道，不過，**如果能從行銷費用中挪出一個相當比例，大方提供試吃試用樣品，廣為發送並建立口碑，可能效果會比單純做行銷更好。**

兩人同行一人免費，帶進新客戶

再以按摩SPA為例，常見到兩人同行一人免費的方案，看起來便宜很多，合理嗎？其實經營者投入最大的是SPA會館與設施成本，跟建設一座旅館類似，主要的成本已經投下去了，因此兩人同行前來，業者多服務一位顧客的成本其實不高，可能就是按摩師的酬勞與清潔費而已，姑且算是五百元吧。

相反地，若是沒有人來，業者的成本反而難以回收，所以**推出兩人同行一人免費的方案，一方面可以帶進客流量，一方面免費受招待的人享受服務後，未來也有機會成為業者的新客戶。**

免費招待一次，受招待的人可能跟業者買十次療程。一次療程原價兩千元，成本五百元，算起來可帶進兩萬元的業績，有一萬五千元的獲利。但回頭看看，業者免費服務他一次的直接成本，只花了五百元而已，等於免費服務三十人有一人成交就回本，只要成交率高於三十分之一，業者是划得來的。

結論：試吃試用，促進成交

- 按照試吃品的實際成本計算，通常會發現，大方提供試吃來提高成交率，是提升獲利的較佳策略。
- 高明的試吃體驗更結合人性，客戶吃人嘴軟，不懂裝懂，都提高了成交率。
- 高價的產品如車輛等，提供試用，可以減少顧客的疑慮，容易下定決心購買。
- 試用成本應該以折舊金額計算，而非以試用品價格來計算。
- 如果從行銷費用中挪出一個相當比例，大方提供試吃試用樣品，可能效果會比單純做行銷更好。
- 對於高價療程，推出兩人同行一人免費，其實也是一種變相的試用與行銷。

26 回收一舉三得，解決客戶痛點又得到生意，兼顧ESG

傢俱業與球鞋業，為何推出舊換新？

我輔導過兩家公司，一家專收二手廢棄物，是由運輸業起家，有場地，也有卡車，常搬運別人不要的二手傢俱，重新整理銷售。另一家是賣傢俱的電商，經常苦於顧客看了新的式樣很心動，但因為家中的傢俱還沒有壞，丟棄很可惜，二手傢俱也不知道如何處理、找誰來搬？多半會打消換新傢俱的念頭。

兩家正好整合，提供購買新傢俱、回收載走舊傢俱的服務，甚至還提供客戶「舊換新」的折價。如此一來，既解決了客戶的問題，又得到新傢俱的訂單，舊傢俱還能銷到二手市場再利用，更加環保。

我有個朋友收藏名牌球鞋，情況類似。他告訴我，他收藏球鞋到一個程度，家裡已經放滿了。舊款球鞋都是他的收藏，不可能輕易丟棄，但這些鞋款又未必容易脫手，讓他對下手買新款球鞋感到猶豫不決。這時候，他發現名牌球鞋商開始為購買新鞋的藏家，提供收購舊鞋的服務，他就很高興，又開始計劃買NBA新球星的代言球鞋。

啟發與迷思

剛才的故事給我們的啟發，首先當然是解決客戶痛點，幫他們解決舊品回收問題，自然促成新的訂單成交。因為舊品回收再利用更加環保，也符合環境、社會與公司治理（下稱ESG）的原則。

過去業者很擔心回收舊傢俱、舊球鞋或其他舊品，讓它流入二手市場，會影響新品的銷售。但實驗的結果證明，這是一個迷思，經過統計，舊貨流入二手市場，幾乎不會影響新品的生意。因為客層不同，會買二手物的是屬於較節儉或重視環保的人。

舊的不去，新的不能來

傢俱是耐久財，不會很快壞掉，顧客的心裡會覺得丟掉太浪費，暴殄天物。其實像男性買高級音響、收藏球鞋，或是女性買衣服、包包，都有類似的情況，想買新品，但是看到舊的還在，甚至堆了整個衣櫃、整間房間，怎麼還能下手買新的？要是再買，不要說自己心裡過不去，說不定還會被配偶或家人罵！這就是「舊的不去，新的不能來」。

但若業者跟他們說，二手傢俱、音響、衣服、包包、鞋子都能收購再利用，或者捐作公益用途，有時候，**二手品賣多少錢不重要，只要客人的舊品被收走了，也沒有浪費掉，就去除了客人的心理負擔，他們就願意再買新品。**

回收二手品成為ＥＳＧ環保典範，更能兼顧公益

回收二手品讓公司成為ＥＳＧ環保典範，不僅是提升形象而已，甚至可能提升公司的價值。因為人類愈來愈重視環境保護，提出所謂ＥＳＧ成分股，重視環保的公司有助於人類環境的永續，也能幫助自身的永續經營，連股價都會上升。

某些公司在回收舊品的同時，甚至提出配套措施，比方將回收的舊鞋經過分類，捐贈給弱勢族群；將回收的舊傢俱經過整理，銷售到有需求的第三世界國家，對當地的人民或機構提供明顯的優惠折扣等，以此兼顧公益。於是公司的ＥＳＧ又加分，不僅是注重環保，還實踐了企業社會責任。

回收需提供誘因，才能實現

回收舊品必須提供誘因，因為許多人留著舊品，根本懶得拿出來賣，必須有誘因，顧客才會行動。最直接的方式當然是出錢收購舊品。

許多企業的策略，是讓這項誘因跟購買新品結合，例如拿一台舊筆電買新筆電，一對一舊換新，可折價一筆錢，一方面刺激新訂單，一方面業者拿到舊品之後，可再研究如何銷售到黃昏市場、第三世界，或做公益捐贈。

通常這是划算的，比方名牌鞋商賣新鞋獲利六〇％至七〇％，回收舊鞋只會付出鞋價的五％至一〇％。一般來說，**回收舊品的折價並不會很高，銷售新品的利潤會高出折價許多，足以支應。**

二手另類市場，不影響原生意

前面提到經過統計，回收二手品後即使流入舊貨市場，不會影響新品的銷售。原因是，**舊貨市場是一個另類的市場，其中的顧客多半比較節儉或重視環保；相對地，喜歡新品的人，多半也不會去逛舊貨市場**。因此這兩類顧客只會偶而重疊，不太會相互影響，這點，讓許多業者更放心地回收舊品。

此外，業者也可以策略性地讓二手市場跟原生意不重疊，比方整批銷到國外或其他地區，就對原本市場幾乎沒有影響。

回收與售後服務結合，維繫客戶關係

回收二手品的機制，還可以跟售後服務結合。客戶買了A廠牌的產品，A廠牌不但會服務、會維修，如果客戶要買新品，還可以回收舊品，提供折價，如此一條龍的服務，商家跟客戶之間的關係就會非常緊密。

如果這項服務做得好，未來客戶採購新品，很可能會優先考慮A廠牌，忠誠度大為提升。當商家要推動舊換新的行銷機制，也可以優先聯絡購買舊款產品已經好幾年的客戶，介紹新品項，他們可能就會動心。

深入了解二手貨品淘汰原因，改善品質

客戶會把二手品用「舊換新」方式讓商家回收，當然可能是被新式樣、新款式所打動，即使舊的沒壞，也想要換新。

但也有可能是產品用久了，即使沒有完全故障，卻出現一些瑕疵，讓客戶用起來不順手，才想要更換新品。這時候，**如果商家將二手品回收，重新整理，就有機會發現瑕疵，進而改善未來產品的品質。**

在舊換新的過程中，也能分析品項被打入二手品回收的其他原因，例如某些品項式樣已經過時，不受喜愛，就能作為新產品策略規劃方向的參考。

結論：回收二手品，好處多多

- 對於某些客人，回收二手品賣多少錢不重要，他們甚至願意捐作公益。重點是收走二手品，去除了客人的心理負擔，他們就願意再買新品。
- 回收二手品讓公司成為ＥＳＧ環保典範，不僅提升形象，還提升公司的股價。
- 回收二手品有時必須提供誘因，顧客才會行動。
- 舊貨市場的顧客，跟新品市場的顧客不重疊，不用擔心回收舊品會影響生意。
- 當商家要推動舊換新的行銷機制，可以優先聯絡購買舊品的老客戶，介紹新品項，他們可能就會動心。
- 如果商家將二手品回收，重新整理，有機會發現瑕疵，改善未來產品的品質。

第四章
職場觀念及態度篇

27 思維的高度寬度深度，決定你是經理或CEO

老闆老闆怎麼辦？

過去我有個屬下，雖然已經當了主管，碰到問題還是馬上跑來找我，急急忙忙地問我說，老闆老闆，現在發生了某些狀況，到底該怎麼辦？

我當場回覆他，是我付薪水請你來，應該是你告訴我該怎麼辦，不是我告訴你呀！

屬下愣住了，我就進一步說，主管應該負起責任，對自己管理的事務進行思考，拿出應對的辦法。如果你真的不知道該怎麼辦，至少要對問題做些了解，想想辦法，提出幾個可能的方案，說明各方案的優缺點如何，來問我選擇題才對。

經過我這樣的指點，逼出他的潛力，他回來就給我幾個很好的方案。但我仍不滿意，跟他說，你能不能再深入思考，這些方案的優缺點在哪裡？你建議哪個方案最好？

於是他經過評估後，選擇一個，問我說：「老闆，這樣做好不好？」這就是問我是非題了，我覺得不錯。於是我說，你的意見我大部分同意，因為你已經考慮得很清楚了，但在某某地方我還是小幅修正。最後，屬下的緊急狀況順利解除。

啟發與迷思

屬下的常見迷思，是當傳聲筒，碰到問題不做思考，就丟回給老闆。這是不負責任的做法，也不會受到賞識。

這個故事對老闆的啟發在於，你沒有必要回答屬下的所有問題，這樣做，等於第一時間又跳下去自己解決。請養成一個習慣，遇到問題，先發還給屬下，訓練他獨立思考，將來才會節省你的時間，並且讓屬下漸漸成長。

這個故事對所有職場人的啟發則是，遇到一件事，思維的高度、寬度、深度，將會決定你職務的高低。

經理局限在自己崗位思考，CEO卻站在不同角色

一般而言，經理級以下，會局限在自己的角色與部門，CEO卻要看全局，各部門都要顧到。

比方業務經理只考慮業務部如何爭取業績，快點交貨，訂單愈多愈好。產品經理只想著要做好產品，不希望交貨時程太趕，甚至有些單子會不想接。各部門經理都是一樣，只看自己部門的問題與目標。但是**CEO要解決業務、生產、研發、財務等各部門的問題，從不同角色思考，找出最佳方案。**

我鼓勵經理們不要局限在自己崗位思考，而是要將思維提升，更上層樓。建議各位想事情最好提升兩級，甚至站在CEO立場去想，將來你升遷的機會才會大。

經理只發現問題，不負責解決方案

經理級以下，往往發現一個問題，就把它舉出來，甚至有所抱怨，卻沒有負責提出解決方案。CEO則不一樣，發現一個問題，就要思考應該如何解決，有哪些配套的方案？

比方經理發現獎金分配制度不合理，可能會發洩情緒，抗議制度不合理，站在自己部門的角度爭取更多獎金。CEO卻要問，真的不合理嗎？如果確實如此，如何調整為合理、面面俱到？如果要調整，會不會影響到其他部門？**CEO需要有思考且提出解決方案的能力，視野的高度比較高。**

經理是淺碟思考，CEO是深度思考

經理級以下的思考是淺碟式，只看現在，CEO則想得比較遠，思維較有深度。經理碰到眼前的問題，只想著先把它解決掉，卻沒有想到，這個問題在未來半年後、一年後，會不會再發生？如何防範？

舉例來說，業務員出去跑業務，得到客戶回應說公司產品價錢太貴了，業務經理就想，乾脆降一點價，反正沒虧本，把貨出掉就好。可是CEO卻需要思考，這樣降價把貨賣掉，問題有沒有真正解決？對公司成本結構有什麼影響？對未來客戶經營有什麼影響？會不會讓客戶都要求我們降價，產生骨牌效應？

經理是單點思考，ＣＥＯ要有水平思考能力

談過思維的高度、深度，接下來是寬度。經理級以下的思維比較狹窄，只想著解決單一的問題，較少想到除了這個點之外，還有哪些問題？**ＣＥＯ則要顧到點、線、面，要有水平思考的能力，思維寬度較寬**。

回到剛才獎金制度不合理的問題，業務經理可能只想到，讓業務多分一點獎金，也刺激他們多跑一點業績。ＣＥＯ卻要顧到這件事對公司營運層面的影響，各部門的意見如何？是否公平？如果大家的獎金都提高，公司會不會虧本？

我們對此可以大概劃分，一個部門的問題，例如要不要提高業務獎金，是一個點。部門間的問題，例如獎金制度是否公平，是一條線。多發獎金，公司營運會不會虧本，是一個面。有時還要再拉高到點、線、面、體，比如子公司之上還有集團，要考慮集團其他子公司的狀況；或是要思考一個方案對整體市場供應鏈的影響，會不會衝擊到公司未來發展等，這種更高的整體思維，可說是一個「體」。

經理解決眼前問題，CEO要解決周邊及根本問題

當一個問題發生，不是把眼前的麻煩處理掉就好，背後可能有許多周邊問題，甚至根本問題，需要去思考、去解決，才有助於公司長遠的發展。不過在經理級以下，很少想到這點。**CEO則會動員各部門主管，應用多元水平思考，一起去發掘「問題背後的問題」，進而解決。**

例如客戶抱怨公司產品太貴，這只是一個現象，CEO會分成幾個象限來分析，在業務的象限，業務員的訓練夠不夠，有沒有帶回可靠的情報？會不會被客戶唬住？甚至業務員自己謊報？在供應商的象限，會不會公司跟供應商關係不好，讓產品、原料進價偏高？

在市場競爭的象限，可能會分析出，競爭者庫存太多，只是暫時性低價拋售。或競爭者跟客戶有搭售、整批交易的因素，壓低單價。在其他象限，還可能有產品已經走下坡、公司內各部門保留利潤太高、良率太低造成成本偏高等因素。

這些背後的問題都需要根據重要性排序，找出因應的方案，分頭解決。

經理只站在抱怨立場，CEO站在解決立場

最後談一個心態問題，經理級以下，往往站在抱怨的立場。比方業務同仁覺得獎金太少，業務經理就說對，跟著一起抱怨，要求公司幫業務部門調高獎金。這個心態不值得鼓勵，這種業務經理也難以更上層樓。

在更高階的CEO視野，會站在為公司解決問題的立場。比方業務獎金可以調高，但業績目標也要跟著調整，讓其他部門沒有話說。或者公司的產品、研發、財務或其他問題還沒解決，業務現階段根本沒有調高獎金的空間，就要協調業務員共體時艱等。

當然**更好的狀況，是經理級人才也能養成CEO層次的視野，不但有助於自己的升遷，也能幫助公司解決問題。**

結論：思維的高度、深度、寬度決定職務高低

- 經理只看自己部門，CEO的思維高度較高，能從各部門角度思考，提出解決方案。
- 經理的思考是淺碟式，只看現在，CEO則想得比較遠，較有深度。

- 經理只看單點，CEO會顧到點、線、面，有水平思考的能力，思維寬度較寬。
- CEO會動員各同仁，應用多元水平思考，一起去發掘「問題背後的問題」，進而解決。
- 經理級人才若能改變抱怨的心態，養成CEO層次的視野，就有助於升遷，也能幫助公司解決問題。

28 站在天平的哪一端，決定了你的層級

低階業務員的小白行為

我曾經遇到過手下的業務員，平常很愛抱怨說公司產品的定價太貴了，一定要降價，客戶才願意買。我經常看到他為了自己容易成交，站在客戶的立場跟PM吵，要照他說的價錢賣。我為了釐清事實，事後做過一些了解，拜訪那位客戶，其實客戶也沒有一定要殺到那麼低。

還有個業務員，聽說公司的某產品缺貨，要漲價了，就跟他的客戶通風報信，叫客戶跟他下一張長單，接下來三個月都用目前的價格出貨給他。這麼做，讓他的客戶拿到低廉的價格，卻犧牲了公司的利益！

另一個例子，過去沒有手機，業務員通常用市話連絡，主管就坐在業務員的對面。有一次，某位業務員接到客戶電話，問他某產品要賣多少錢？這個低階業務員連電話都沒有掛，就直接摀著話筒問對面的主管說，某產品客戶要買某某數量，應該報多少錢？

主管回覆說，單價可報五美元，業務就直接報給客戶。客戶嫌貴，他又摀著話筒把客戶的話跟主管複誦一遍，說五元太貴，可不可以便宜一點？如此來回問好幾次，客戶當然看穿了他是個傳聲筒，根本無權做決定。

啟發與迷思

前兩位業務員的小白行為，胳臂往外彎，是因為一種迷思，他們以為扮白臉，讓客戶覺得他對客戶很好，在客戶處好做人，就能輕鬆拿到訂單。沒錯，短期看來似乎有點效果，長期來說卻對業務員的發展不利。如果老是這樣做生意，公司永遠不會讓他們升職。

最後一名業務員的迷思，則是變成傳聲筒，自己絲毫不思考，只會把客戶的要求報給主管，再把主管的意見回給客戶。如果都是這樣做，那要這個業務員有什麼用呢？

低階、中階、高階業務員的不同模式

根據長年的觀察，我把業務員分成低階、中階、高階。低階業務員一〇〇％站在客戶立場，其實就是站在自己角度，讓自己好成交。他們的行為模式可能包括：替客戶跟公司爭取低價；把內部情報告訴客戶，來爭取自己的訂單等。

中階業務員好一點，七〇％站在客戶立場。他們也比較看重幫客戶爭取，讓自己好做人，容易得到業績。只有三〇％會站在其他業務或部門的立場想，或是考慮公司的立場與利益。

至於高階的業務員，則是三〇％站在客戶立場，七〇％站在別人及公司立場。我認為這是較佳的配比，業務員畢竟還是要照顧客戶利益，生意才能做得長久。他們不可能一〇〇％站在公司立場，否則交期或價格都可能太硬，完全不管客戶，這也不行。但相對來說，**高階業務員比較會替公司裡的其他人、別的部門著想，也會顧到公司整體的利潤，只有三〇％幫著自己的客戶。**

問答題型是低階主管，選擇題型是中階主管，是非題型是高階主管

主管的層級我也分成三種。碰到狀況，只會問問答題，跑來把狀況告訴上級主管，問上級怎麼辦，自己卻拿不出辦法的，這種人只能當到低階主管。至於更糟的，比方搞不清楚狀況，連問答題都問不好的人，這種人連低階主管都無法勝任。

中階主管稍微好些。當狀況發生，他們自己會思考，想出幾種可能的方案。只是分析能力不足，拿不定主意，就把問題跟幾個方案統統攤在上級面前，讓上級做決定，就是問選擇題。

至於**高階主管面對新的狀況，不僅會想出幾種解決的方案，還有能力進行分析，選出他認為的最佳方案**。然後請示老闆，這樣做好不好？也就是問是非題，這是最高段的。

低階只投直球，高階投變化球，有基本水平思考能力

業務員層級的劃分，也可以從水平思考的能力來看。低階的業務，客戶問一個產品的報價，他就回答一個。**中階或高階業務員，則開始具備基本水平思考能力，一加一不等於二，**

可以投變化球。

所謂的變化球，舉例來說，當客戶詢問一個零件，業務可能報三種零件的價格，因為他知道這三種零件用在同一個機型上，既然客戶要生產，很可能都要一起採購。相反地，當客戶問五種零件，他可能只報一種零件的價格，因為公司只有這個品項有競爭力。

愈高階的業務，愈會在腦海中練習「一種輸入，多種輸出」的水平思考力。比方客戶問十萬個L產品，他可能只報兩萬個的價錢，原因是公司庫存只有兩萬；甚至只報五千個，因為他知道客戶信用額度只剩下五千個的金額了。

反過來說，業務也可能多報好幾種數量的報價，因為這個客戶是一家大公司，他可以同時提供五萬個、十萬個、二十萬個、三十萬個等不同數量、不同單價的報價單，讓客戶有選擇，也預留了談判的籌碼。變化球有多靈光，思考有多靈活，正是中階或高階業務員的分野所在。

低階只當傳聲筒，沒有主見；中階有建議能力，高階有決策能力

建議能力與決策能力的高下，也影響了業務員的層級。低階業務往往是傳聲筒，搗著話

筒問主管報價，報五元就說五元，甚至客戶要殺價，他還會幫客戶轉達殺價的要求，將球完全丟還給主管，一點應變能力都沒有。

中階業務員則會變化一下，比方主管報五元是底價，他知道對客戶報六元，保留一點談判的彈性。當客戶提出殺價，或有其他問題產生，中階業務也有建議能力，會建議主管微調銷售方案，例如客戶買多少個以上可以便宜一點等等。

高階業務員則更高明，例如客戶要買兩萬個C零件，公司庫存有點緊，他懂得推薦規格能通用的D零件，因為公司D零件的庫存多，或是利潤較好。視狀況也可以C、D混搭銷售，既給客戶方便，也為公司爭取最大利益。

高階業務員甚至有決策能力，可以提出成套的定價策略，或找出客戶不埋單的背後問題，提出有效方案。

低階只當配角，中階偶而當主角，高階積極扮演主角

當業務員帶老闆出去拜訪客戶，低階業務員可能連開場都不會，帶老闆到了客戶的公司，然後就不講話，讓老闆一個人應付。如果客戶有什麼問題，他事前也不會告知老闆做準

備，讓老闆被客戶質疑時，十分尷尬。

中階則是偶而當主角，跟老闆與客戶一起出席的場合，中間他可以插進一些話題，不會把自己完全晾在一旁。如果客戶準備興師問罪，他也會事前提醒老闆。

高階業務則會爭取發言機會，積極扮演主角，大部分過程都是他主導。他可能早就找老闆開過會前會，取得適當授權，以便應對客戶的要求。當客戶指責老闆，他也會技巧地替老闆擋子彈，例如說：「這件事是我負責的，有些細節由我來回答好了。」總之，**高階業務會扮演談判的主角，老闆只需要在緊要關頭推一把，就能讓事情順利進行**。

結論：態度與思考力決定職位高低

- 低階業務一〇〇％幫著客戶，其實是只顧自己，這種人難以升遷。
- 高階業務有良好態度，比較會替公司裡的其他人、別的部門著想，也會顧到公司整體的利潤，只有三〇％幫著自己的客戶。
- 愈高階的業務，愈會在腦海中練習「一種輸入，多種輸出」的水平思考力。
- 高階業務員甚至有決策能力，可以提出成套的定價策略，或找出客戶不埋單的背後問題，提出有效方案。

- 高階業務會扮演談判的主角，老闆只要在緊要關頭推一把，就能讓事情順利進行。
- 愈替公司與老闆著想，思考能力愈強，變化球愈靈光的人，職位愈高。

29 屬下應該把主管當菩薩，有擔當、敢做決策

主管是慢郎中，提升效率有訣竅

我輔導的學員曾經跟我分享，他的主管是個慢郎中，從不馬上回應，想得很多，想一想還會卡住。可是工作推展又必須經過慢郎中主管授權，讓這位學員很煩惱，工作效率始終無法提升。

於是我教這位學員，有事當然要向這位主管報告，不能越權或自作主張，但是報告有技巧，不是問主管「該怎麼做」，甚至也不是列選項讓主管選擇，而是自己先做通盤思考，才去報告。

報告時的說法大概是這樣的：「處理這件事，可能有A、B、C三種方案。A案的缺點

明顯比優點多，B案優缺點各半，C案優點最多，對公司最好，所以我建議採C案。您覺得好嗎？」

假如主管還是沒回應，屬下就可以說：「如果您在某個時間以前沒有其他指示，我就以C案往下執行囉。」

我補充，如果主管只是個性猶豫不決，這招很有效，反正他不會給意見，時間一到，屬下就能執行，也對主管表示了尊重。如果主管在時限之前，特地下令叫屬下暫緩執行，屬下更要服從，因為這表示他可能真的發現了問題。

後來經過幾個月，那位學員告訴我，用這種方法向主管報告，從此做事果然很有效率，也不會被指責，相處非常愉快。

啟發與迷思

這個故事的啟發是，屬下應該把主管當菩薩，如同神像不會說話，屬下也不該期待主管會回答你的「問答題」。

屬下應該自己思考執行工作的有效方案，列成「選擇題」，甚至「是非題」，再向主管報告。此時，無論主管是慢郎中或大忙人，都會欣賞你的努力，節省了他的時間。

沒事不要煩菩薩，自己要有擔當，不要過度依賴

我的觀念是，沒事不要煩菩薩。打個比方，如果某信徒的日子已經過得很好，很有福氣了，卻還一天到晚到廟裡去求籤，問東問西，你是菩薩你煩不煩？

這個概念應用到工作上，就是**屬下不要過度依賴主管，自己要有擔當，在權限範圍內自己做決定**。如果遇到必須請示主管的事情，我也說過，屬下要盡最大努力進行分析，找出你認為最好的方案，然後用是非題跟主管討論，才會最有效率。

以報告取代請示，達到尊重又快速得到答案

當你請示主管，問他一個問題，主管沒有回應的原因可能有許多。首先可能是你自己的思考不夠，給主管的選項或建議太模糊，讓他不知如何回應，身為屬下，這點應該先檢討。

如果確定你已經想清楚了，而且問了是非題，主管還是不回，還是有好幾種可能性：

一、主管性格溫吞，做決定比較慢。
二、主管太忙，沒有時間思考你的事。
三、主管不熟悉相關事務，未進入狀況。
四、你的問題太細，他懶得理，或覺得沒必要立刻回答，才會已讀不回。

此時，我建議屬下用報告取代請示。可向主管提出你認為的最佳方案，強調若在某個時間之前沒有其他建議，你就會照此方案執行。注意，如果你是用信件報告，要先確定主管已經確實收到信，例如撥個電話確認。**這個方法我稱為「沒有no就是yes」，屬下既然已經報告，就是尊重主管，沒有逾越權限。**此時即使主管不給答案，也不會影響進度，因為屬下可以直接執行所建議的方案，等於強迫中獎，快速得到答案。

事事請命失去權力，權力不用會被回收

我們經常看到一種情形，屬下凡事問主管，依賴主管給答案。結果，即使原本他有一些決策權，也漸漸流失。

這類部屬的行為，經常是因為怕負責任，本來可以做決定的事不敢決定。他擔心如果做錯了，老闆可能會罵他，於是凡事都要請示主管，萬一做錯了，就能推說是主管的決定，不關自己的事。

然而他卻沒想到，公司先前已經授權給他，他卻仍然事事請命，變成還是主管在做決定。久而久之，公司就會把核決權限收回，讓他失掉權力。

有事大膽求教、求救，不要耽擱，誤了大事

但反過來說，當部屬在自己的權限範圍內處理事情，如果真的不順利，也不要勉強自己一個人扛下來。

碰到困難，即使是你負責，也可以大膽向主管求教，甚至求救。不要為了讓自己看來「有擔當」，不讓主管知道你的難處，造成嚴重的不良後果。千萬避免悶著頭做，要懂得轉彎、懂得求助，以免等到事情無可挽回，要搶救都來不及。

部屬雖然要有擔當，卻不要矯枉過正，有困難要早點求救，才來得及處理。請絕對不要掩蓋。

尊敬而不害怕，主管永遠是來幫助你的

尊敬主管是好事，但不要變成害怕。建議部屬要有一個概念，不要事事問主管是沒錯，但也不要變成事事躲著主管，很怕打擾他。

主管永遠是來幫助你的，某件事情你真的不會處理，可以請主管教導你，傳承經驗給你。若你遇到困難，也該及早向主管求救，不要害怕。他的辦法與人脈都比你多，對你來說天大的問題，對他或許不難解決，也能避免公司蒙受損失。

主動討論權責範圍，在範圍內學著做決策，甚至拉高兩級思考

你可以主動跟主管討論權責範圍，學著做決策。不妨請教主管，哪一類事務由你負責，哪一類情況要向上請示，哪些文件要副本給某幾個部門的主管等。把這些細節詳細地用書面列下來，就成為你的核決權限表。

此時，因為已經劃定清楚的範圍，在你負責的事務上，你就可以開始做決策。甚至更進一步，即使某件事超過你負責的範圍，你也可以學著拉高兩級思考，把自己當作決策者，思

考解決方案，再向上級主管提出你的建議。

改用是非題與主管溝通，訓練自己成為最高主管

如果你是部屬，向主管請示之前，要先思考、蒐集資料，心中擬定幾個腹案，比方有A、B、C案。接著，再考慮各方案的優缺點、公司資源、可行性等等，若覺得B案最好，就可以跟主管報告你分析的理由，然後請示：可不可以照B案執行？這就是提出是非題。**主管最喜歡問是非題的部屬，因為屬下已經先思考過了，主管只要最後拍板，或稍加修正即可，決策非常有效率。**

而這段思考的過程，也十分有價值，因為這等於練習從主管的視野進行決策。當你以這個方法進行工作，並與主管溝通，你就有機會不斷晉升與成長，進而養成「最高主管」層級的決策力。

結論：不要過度依賴主管，也不要矯枉過正

- 屬下不要過度依賴主管，自己要有擔當。
- 工作遇到狀況，屬下不但應該向主管提出是非題，還可用報告取代請示，設定時限，主管沒說no就是yes。
- 屬下雖然要有擔當，卻不要矯枉過正，有困難要早點求助，絕對不要掩蓋。
- 主管永遠是來幫助你的，有困難要勇敢求教、求救，不要害怕。
- 你可以主動跟主管討論權責範圍，學著做決策，進而養成「最高主管」層級的決策力。

30 被罵或被指導在一念之間，常被老闆罵的是家臣

滿懷抱怨的幹部，幾年後大逆轉！

過去我手下有一位幹部，我在他身上花的時間，可能是所有人當中的前幾名。每當他工作上碰到什麼狀況，我就把他叫進辦公室，聊天、心談，指導一番。

但我看出他的臉色，並不是很開心、很感激。或許從他的角度看來，會覺得自己老是被罵、被老闆念，認為自己有夠衰，垂頭喪氣地走出辦公室。不過我並未放在心上，還是無私地告訴他該修正的地方。後來這位幹部離職了，另有發展，我也祝福他。

沒想到過了幾年，在聚餐的場合又遇到他，從前被我指導時從未說過謝謝的這位幹部，居然打從心底地感謝我，一直強調說，從前他被我叫進去，念了半小時、一小時，老實說他

覺得非常不高興，滿懷抱怨。現在他自己當老闆了，才猛然發現，當時我教他的東西，今天他都用得到！所以他一定要來謝謝我。

啟發與迷思

當屬下的有個迷思，被老闆念是吃苦，很受不了，嫌他嘮叨。有時候很容易陷在自己不高興的情緒中，連老闆說些什麼都沒有聽進去。

這個故事啟發我們，老闆念我們的事情，通常是我們的盲點，也是我們最需要學習的地方。如果把這段被念的時間當作學習的機會，好好吸收，一定收穫很大。老闆願意花時間指導你，甚至罵你，是因為信任你，把你當作家臣，不妨正面看待。

犯錯時即時被指正，有情境才是最好的機會教育

主管跟屬下每天相處，包括開會、簡報、吃飯、拜訪客戶，經常面對工作上的真實問題，因此主管也有最多機會，在有情境的狀況下，把經驗傳授給屬下。

其中，當屬下犯錯的情境，更是機會教育的關鍵時刻。因為屬下犯了某個錯誤，主管就能幫他分析，錯誤出在哪裡，才會導致惡劣的結果。這類的指導，平常要透過理論或案例來教都很難，因為錯誤沒有發生，主管也不知道從何講起；就算講了，屬下的印象也不會深刻。

但當錯誤真的發生，例如丟掉客戶、進錯了貨、被倒帳，因為事件發生在屬下身上，有具體的情境，主管就可趁機進行機會教育，跟他討論，問題為何會發生？該如何處理？以後應該如何避免？應該找什麼人或哪些部門協助？這些討論內容與解決方案就會深深刻在屬下心裡。**有些原則或許主管先前就講過，只是屬下沒聽進去，他犯錯的情境就是最佳的提醒良機，指正與機會教育的效果最為顯著。**

私底下糾正是輔導，公開場合是辱罵

當主管進行機會教育、指正屬下的時候需要留意，如果在公開場合糾正，有可能讓員工感覺自己遭到辱罵，產生反效果。

但如果是**私底下指導員工，因為沒有一堆人圍觀，屬下的感受會比較好，認為自己是接**

受輔導，而不是被羞辱。建議錯誤發生時，主管不要心急，在眾人眼前破口大罵，而是找個適當時機再來指正。

先告訴同仁自己是無私的，是為了同仁好才指導

機會教育還有一個技巧，主管可以把自己的善意跟同仁開誠布公地說明。主管可以跟屬下分析，今天我指導你，也許你不高興，會想要離職。可見，我若是自私的，未必需要跟你說這麼多，不但花我自己的時間，你還未必給我好臉色看。

但我還是要跟你講，因為我是無私的分享，不怕你生氣，也不擔心你一氣之下就不幹了。我不是喜歡罵人，而是為你好，才告訴你問題出在哪裡。

口氣可以溫和一點，打完後要安撫

機會教育的時候，主管的口氣要如何拿捏呢？我建議可以溫和一點。當員工犯了錯，他的心情當然不好，身為主管，你的情緒恐怕也不佳，就會有口氣太強硬的問題。

希望各位主管可以留意，一開始你也許生氣，口氣很差，之後如果員工知道錯了，就要安撫他。甚至道歉說剛才情急之下，講話直了一點，請他不要放在心上。如此一來，員工也會更能聽進你的指正。

主管平時要建立罵人的本錢，私下有互動交情

主管不是聖人，情緒管理無法每次都做到盡善盡美，當屬下犯錯，脫口而出就罵人了，怎麼辦？除了事後安撫之外，其實平日下的功夫很重要。

老闆或主管平常要多跟屬下心談，跟他們有互動，例如聚餐、打球，有共同的休閒活動，建立交情，有革命情感。這樣一來，當你的屬下犯錯，你把他叫來指正，就不會顯得很唐突，跟屬下關係破裂。**若是平常交情好，即使忍不住罵了他，也有本錢修補關係，取得諒解**。

邊緣化的人沒機會被罵，慶幸老闆願意花時間在你身上

至於身為員工、屬下的心態，不要對老闆、主管的指責耿耿於懷，其實那不是指責，而是指正與培育。

你不妨想想，若是公司的邊緣人、地位不重要，根本沒機會被罵。為什麼？因為他升遷無望，可能不會久留，也不是公司重點培養的對象，放牛吃草無所謂。相反地，**老闆願意花時間指正你的錯誤，你是很幸運的，表示你被當作公司的棟梁，地位重要**。

常被老闆罵的是家臣，對自己人要求更嚴格

身為員工，可以觀察看看，常常被老闆罵的人，往往也是跟老闆最親近的人。我稱之為「家臣」，也就是老闆信得過的人。就算罵他，他也不會跑掉，老闆敢跟他直話直說，其實就是推心置腹。

尤其**老闆對於想重用的人，要委以重任，可能要求更嚴格，因此這些人只要犯了錯，就會常常被指正**。所以，如果你覺得自己很努力，卻經常被罵，很委屈，其實不妨換個角度

想，很可能是因為你已經被當作家臣，備受信任，老闆對你有更高的要求，這是合理的現象。

結論：老闆用心指正，屬下坦然接受

- 屬下犯錯的情境，是主管機會教育的最佳時機，此時分析他錯在哪裡，改正的效果最為顯著。
- 主管私底下指正員工，屬下的感受會比較好，不會覺得被羞辱。
- 主管機會教育的口氣要溫和，如果一開始口氣很差，之後就要安撫屬下。
- 主管平常要多跟屬下心談，跟他們有互動，建立交情，才有罵人的本錢。
- 對屬下來說，老闆念你的事情，是你最需要學習的地方，應該把握機會吸收。
- 老闆願意花時間指正你的錯誤，你是很幸運的，表示你被當作公司的棟梁，地位重要。老闆可能想重用你，所以對你的要求也高。

31 了解毛利不等於淨利，不再抱怨獎金太少

抱怨獎金太少的年少輕狂

我在外輔導、上課，常常發現跑業務的人，會抱怨老闆小氣，獎金給得太少，這時候我會分享我自己的故事。

我年輕的時候也是業務，接了很多訂單，業績不錯。難免會想，自己做成這麼多的生意，能不能多分一點獎金？

當時老闆並沒有把營運成本給我看，但我自己是業務，知道成交的價格，就會自己偷偷計算，進貨成本若干，成交金額若干，覺得公司賺了很多。然而實際分獎金的時候，金額卻不如我的預期，就會抱怨，怎麼給我的獎金這麼少！老闆是不是都把錢放到自己口袋？真是

不夠意思！

抱怨的結果就是心生不滿，不像以前那麼努力衝業績，有時出外洽公摸個魚，也覺得理所當然，反正是公司先虧待我的！

後來自己出來創業當了老闆，才曉得當初我計算成本的方式有錯誤。公司除了進貨成本之外，還有許多間接成本。光是貨品與應收帳款方面，很多成本我就沒有想到，包括客戶可能退貨、倒帳，部分庫存賣不出去，呆料與倉儲的成本也要吸收。

其他還有人事成本、房租、水電、設備、稅金、貸款利息等，過去因為自己沒有當老闆，以為這些成本都沒什麼，其實累積起來很可觀，如果員工總薪資是兩百萬，加上間接費用，總開銷只怕六百萬跑不掉。扣除所有成本以後，要是照我年輕時所期望的，分給業務高額的獎金，恐怕公司就得虧錢了！

聽了我的故事，不少業務員從此改變心態，認真努力，業績蒸蒸日上。

啟發與迷思

年輕業務的迷思是，從自己看到的層面去估算公司成本，覺得老闆賺很多，獎金給得很小氣，虧待了自己。其實，是因為自己漏算了很多成本所致。當然不只是業務，其他部門的同仁，也可能會犯同樣的錯誤，高估了自己的貢獻。

類似的迷思也可能發生在老闆身上，例如對於自己不熟悉的領域，常羨慕人家的公司賺得比自己多，卻沒發現自己漏算了許多間接成本。等到自己投入，才發現沒有那麼好賺。

毛利不等於淨利，一大堆直接、間接費用

成交金額減去進貨成本，只是毛利而已，直接、間接還要支出一大堆費用。剛剛提過會有退貨、倒帳、呆料與倉儲的成本，此外還有人事成本，包括各部門的薪資，公司也要支出勞健保與勞退、員工福利與獎金的成本等等。

另外，還有房租、水電；機器設備的採購、折舊；必須繳給政府的稅金；跟銀行借貸資金的利息等其他費用，累積起來並不少。隨著產業型態的不同，比例當然會有差異，但以我的經驗，某些產業的間接費用可能高達總薪資的兩倍，甚至更高。

毛利必須減去包括間接費用在內的總開銷，才是淨利。所有成本支出，都會讓公司最終的淨利變薄，所以賺得並沒有外界想像中多。

別羨慕品牌毛利很高，中間費用很多

有些人把品牌的生意想得太美好，以健康商品為例，初步分析成本結構發現，某些成本十元的產品，經過品牌的包裝，在市場上可以賣到一百塊，售價是成本的十倍，就覺得品牌企業真好賺！

當然，不是所有商品的售價跟成本，差距都這麼大，某些商品售價是成本的三到五倍不等，但還是很誘人，讓代工產品的廠家覺得，我是不是也應該自己去做品牌，自產自銷，乾脆統統自己賺？

其實事情沒這麼簡單，某些健康商品售價拉到「產品成本」的十倍，毛利九〇%令人稱羨，但它可能透過直銷體系銷售，多層次傳銷之下，層層都要抽佣。由於其銷售成本相當高，老闆的淨利未必如想像中大。

如果不是直銷，某品牌產品假定成本二十元，售價六十元，毛利約四十元，看似好賺，但品牌企業也付出很多其他成本。一般要在通路上架銷售，說不定通路就要抽四〇%，也就是售價六十元，通路已經抽走二十四元。品牌企業只剩下十六元，還要負擔廣告行銷、呆料、人事的費用等，再扣掉十元，到最後賣一個只能賺六元。結果，表面上看起來毛利六七%,實際淨利只賺一〇%,搞不好,品牌企業的淨利率還比不上代工廠!

一般人會覺得品牌好賺,是因為用售價減去產品成本來計算,卻沒有想到,品牌企業最大的成本支出可能並不在產品,而在於通路、行銷與其他費用。因此,當產品生產者自己跳下去做品牌,未必賺得多。

總覺得分紅太少,以為老闆賺很多

屬下的高度與老闆不同,對營運成本的資訊與概念,了解也不夠全面,於是經常用自己的認知,自己偷偷計算公司的獲利,想當然耳覺得公司賺很多,認為以自己的貢獻度,理應爭取更高的獎金或薪資才「合理」。假如公司的分紅,不如屬下計算後認為自己應得的,就會心生怨懟,甚至讓工作效率低落。

在此希望提醒擔任員工的讀者,要了解**公司要支出許多間接成本,需要計算、扣除之後才是真正的盈餘,真實盈餘跟你自己的估算可能差異很大,所以老闆不一定是很小氣,分紅要根據真正的盈餘計算。**

公司財務愈透明愈好

公司財務愈透明愈好，當大家都了解公司的成本與盈餘，只要根據三七原則分潤，訂定合理的分潤機制，資方與勞方就能同心為公司奮鬥。

財務不敢透明，通常是因為沒有建立很好的分潤機制，可是愈不透明，員工就愈猜忌，以為老闆賺得非常多，抱怨連連。**不敢透明化是很多老闆的迷思，其實只要做合理的分潤，成本透明化，就能鼓勵員工一起打拚而不生怨言。**

業務只是完成交易的一環，需要很多資源配合才成

業務人員常有一種錯覺，覺得自己拿到訂單，生意就做成了。其實這不正確，訂單要成交，需要經過一連串的流程，以及許多資源的配合，可能包括研發、製造、包裝、物流、應用工程師，甚至總務、財會、後勤單位的配合等。

因此，**業務只是完成交易的一環，而非全部。某些業務認為拿到訂單都是自己的功勞，要求從利潤中分得高額的獎金，而忽略了其他部門的貢獻，並不公平。**

別忽略股東風險及價值，股東拿真金白銀在賭博

某些員工會覺得，股東什麼事也沒做，卻可以享有分紅，因此對股東眼紅。這是因為員工從自己的角度出發，認為自己拿到訂單，或產出產品，對公司較有價值。

其實若沒有股東出資，公司沒有資金週轉，無法採購設備，或不能買進存貨，不能放帳等，產品就無法生產，訂單也無從成交，公司的一切營運行為都不會發生。這一切都來自於股東的貢獻。

此外股東也承擔很高風險。如果公司不幸倒閉，員工不會損失，還可以依法獲得遣散費，股東卻會血本無歸，一分錢也拿不回來。**股東出資貢獻給公司，且承擔失敗風險，從盈餘獲得分紅是很合理的。**

保留部分盈餘才能永續發展，兼顧股東權益及未來

假如公司賺了錢，就股東立場，通常希望全數分紅，員工自然期待多發獎金，但每年的盈餘如果統統分掉，公司未來的發展就會受限。

任何企業都期待營業額與獲利能成長，要成長就需要資金。比如要擴廠增產，要進更多庫存或原料，要開更多家分店，在海外設分公司等，都需要適當地保留盈餘，作為發展的資金，才能讓公司永續成長。假如未保留盈餘，等到你需要資金擴張時再去募資，未必籌得到資金，因此，**盈餘一百元留下五十元左右不分紅，在合適的時機對公司進行投資，是很常見的做法。**

結論：深入了解間接成本，避免誤判

- 毛利必須減去總開銷，才是淨利。總開銷中，許多間接成本是員工看不到的。
- 覺得品牌好賺，是用售價減去產品成本來計算，卻沒有計入通路等其他成本。
- 公司要支出許多間接成本，扣除之後才是真正的盈餘，分紅要根據真正的盈餘計算。老闆規劃合理的分潤，不該被誤解為小氣。
- 業務只是完成交易的一環，需要許多其他資源配合，業務僅為自己爭取高額獎金，不盡公平。
- 股東出資貢獻給公司，且承擔失敗風險，從盈餘獲得利益很合理。
- 保留部分盈餘不分紅，在合適時機對公司進行投資，對未來發展也很重要。

32 設定個人願景，先利己再利他，利他就利己

助人是為了自己的快樂

我有個朋友相當富裕，卻非常節儉，平常都穿Uniqlo、佐丹奴（Giordano）這些品牌，一定等到打折才買，而且買一件穿兩、三年。同一個朋友圈的人都覺得很奇怪，這個老闆賺得也不少，何必對自己這麼苛刻呢？

不知道的人以為他很吝嗇，其實，他每年都捐三、四千萬給慈善機構！後來我問他，為什麼這麼努力賺錢，卻過得這麼節省，做善事卻又這麼大方？他說他也不知道，過得很節儉是他的習慣，根本沒什麼；努力賺錢、做善事，賺錢的目的是為了幫助別人，他覺得他很快樂。

另一個情境也類似。我參加慈濟靜思營，帶隊的志工們在細節上做得很好，對我周到又親切，而且都是笑嘻嘻的。我看他們也不是什麼基金會花錢請來，而是不領薪水的志工組成，就很好奇，他們是帶著什麼心態在做這些事？

在營隊睡硬板床，又有蚊子，而且沒冷氣，我很驚訝，志工們比我更忙，也同樣在炎熱的環境中，能如此親切實在不簡單！到底是為什麼？幾天相處下來才明白，這些人背後都有故事，他們可能受過別人的幫助，今天同樣來幫助別人。而他們聚在一起，更有共同的願景，助人為樂。

啟發與迷思

這兩個故事的啟發在於，幫助別人，不是為了什麼目的或掌聲，是為了自己快樂。這是典型昇華的真快樂。

這樣的助人心態，可以長長久久。有時候在助人的過程中，自己辛苦一點，或物質享受少一點，也不會抱怨或覺得難受，一切都是自然而然發生。

為自己快樂而快樂，不是為了別人

我想延伸一個重點，快樂是我們自己定義，而不是別人定義的。很多世上的價值觀告訴人，賺很多錢，奢華享受就是快樂，這可能是從商業廣告來的觀念，事實上，這未必是快樂的標準。

我認為，**對於一項工作挑戰，或是助人的行動，只要感到高興去做，你就快樂；心不甘、情不願，就感到痛苦，完全在自己的一念之間。**

我自己的情形也一樣，我分享企業經營智慧，常常要跑中南部，很早起床，花幾小時的車程，到會場演講站兩、三個小時，甚至一整天。拿到的車馬費或講師費，又捐給了智享會。別人可能覺得我很傻，其實是因為他們不知道我的快樂在哪裡。我的快樂是自己定義的，只要把這些智慧分享給人家，對他們有幫助，我就很快樂。做這些事是為了我自己的快樂！

為滿足自己最容易達成

設定一個願景的時候，若是為了自己，最容易達成。比如努力工作，是為了犒賞自己，例如賺多少錢就去旅遊，買一輛跑車。如此一來，對於你設定的願景或目標，你就會最努力，原動力是為了滿足自己。

滿足自己也不一定是物質的犒賞，而是來自成就感。其實友尚的行業有點像夾心餅乾，供應商跟客戶都是大企業，導致我們的員工受了很多委屈。所以我在公司推行「歡心多一小步服務」，希望幫助員工想通，建立自己的價值觀，知道每個行業都有它的酸、甜、苦、辣，供應商與客戶也有他們的苦處，產生同理心。

這時候，**當你夾在供應商與客戶之間，甚至擴及周邊廠商、銀行等，若能發揮創意，居中協調讓對方滿意，你也滿意，甚或三方滿意，就會很有成就感，覺得很快樂！這份成就感不是為了老闆或任何人，而是你自己的！**

為了家庭也是好選擇

設定工作上的目標，若是為了家庭，也是很好的選擇。比如讓父母過得舒服，讓孩子可以去念書，上好的學校，或讓太太的手頭寬裕一點，都是好動機，而且對個人來說，也容易產生動力去達成它。

從生活中的小事情，例如買衣服、便利的小家電，或是比較大的目標，買房子、車子等等，只要是**為了提升家人的生活品質，就會讓你工作更努力。即使工作上受了委屈，也能調適情緒，設法解決，因為都是為了家庭**。

為了公司也有共同目標

下一個層次的目標，可能是為了公司。以我為例，先是希望公司獲利，再來是追求上市櫃；接著，我期待公司永續發展，並在專業領域達到世界第一，跟大聯大控股整合後也達成了。

其實這也不是我個人的目標，而是共同目標。無論要達到世界第一、全國第一，拚市占率、拚品質，或得到精品獎、國際大獎等等，**一家公司或團體當中，眾人為了一致的目標，也會非常地拚，努力去做**。

能為了別人就已經昇華

若是到了幫助別人自己會快樂的境界，那就已經昇華。就像前面故事提到的那位朋友，他為了行善，一年捐三、四千萬，為別人而做，已經自然成為他的內在動機了。

對許多老闆而言，常談到「為別人努力打拚」，其實就是為了員工。身為老闆，買到了車子、房子，那員工呢？老闆自然希望，自己創立的公司員工都能幸福，為這些員工也能買車買房而打拚。這時候，**即使工作遇到很多挫折，他也會繼續努力，因為這一群員工，以及他們背後的許多家庭，是老闆所關心的**。為了他們的生計，讓他倍加努力，營運目標達成時也會很快樂。

如果這些都達成了，就進到回饋社會的層次，比如分享經驗，捐款給慈善機構，促進環境保護，捐贈金錢與設備給學校培育人才等等，也是「為別人的益處」而付出。

利他後自然也利己

最後談到，幫助別人其實也是利己。以家庭為例，賺了錢是為了讓家人有更好的生活，原本是在幫家人，但家庭是一體的，當家庭和樂，你自己的生活品質、幸福感也隨之提升。

為公司也一樣，你為公司的共同目標奮鬥，公司的業績出色，紅利也回饋到你自己身上。老闆為社會付出，有助於公司的形象，在徵才、營運上都有益處。推動環保，也是幫助包括自己在內的每個人，擁有乾淨的空氣與水源。**許多行動表面上是利他，其實在利他的過程中，往往也是利己。**

結論：從利己出發，人與我都得益處

- 對於一項工作、挑戰，或是助人的行動，只要感到高興去做，你就快樂，完全在自己的一念之間。
- 為自己的快樂而快樂，成就感不是為了老闆或任何人，而是你自己的！
- 為了家庭，工作會更努力。即使受了委屈，也能調適情緒，設法解決。
- 在公司或團體當中，眾人為了一致的目標，也會非常地拚。
- 許多行動表面上是利他，其實在利他的過程中，往往也是利己。

33 問路比找路快，善用專家顧問，要敢問、敢講才有機會

問路比找路快，問行家可快速找到答案

友尚加入大聯大控股比較晚，當時已經有幾家公司合併，營運了五年。我加入以後擔任策略長，發現有個問題懸而未決，大聯大當中的七家公司，需要重新整併成幾個子集團比較好？

這個問題在內部討論了好幾年，到底是四個子集團，還是兩個子集團？該怎麼做？先前提出一些方案都不是很成功，缺乏共識。而且我認為，各公司現在還是第一代負責，談整合要趁早，不然等到二代陸續接班，問題會更複雜。

我建議，既然內部的方案都不成功，可以請外部的顧問公司協助，引導討論，如何整合

效益才會最高，彼此間業務的衝突性最小？

當我提出這項主張，大部分的董事都不認同，只有兩位用過顧問的董事同意，因為董事們都是我們業界的專家，在業內很有經驗，做了二十年以上，反而顧問公司的背景並不是做這一行的。許多董事認為，以他們的經驗，許多問題早就談過，幾年下來還是沒有結果，引進新的顧問公司也幫不上忙。但我建議試試看，反正只是花一筆費用，不是很高，即使不成，我們也花得起，就試試看吧，最後終於說服董事會。

顧問公司的人來了，的確對我們的行業不如董事們了解，但他們卻有一套方法，用一系列問題導引董事們「自己」討論。例如經過討論，董事們確認，各公司未來的營業費用一定會遞增，毛利卻會遞減，解決的方式就是要整合，於是漸漸對整合有了共識。

根據董事們自行討論出的結果，顧問公司再加以整理，列出不同整合方式的優劣，終於讓我們看出，整合為四個子集團是最好的！換句話說，顧問公司不具備我們這一行的專業，也不給我們答案，但他們對整併內行，就能引導我們自己找出答案。這個顧問團的母公司你一定聽過，它就是ＩＢＭ。

啟發與迷思

我們的迷思是，碰到問題往往習慣自己摸索，浪費許多時間，其實請教專家，甚至上網查詢一下，找一些資源幫助，說不定兩秒鐘就解決了！

主管為了面子不敢問年輕同仁，不懂裝懂，或自以為很有經驗而抗拒徵詢外部顧問，都是迷思。放下身段、敢問，才是最有效率的方法。

善用專家顧問，局外者清，立場中立，協助解決問題

有時候我們閉門造車，在公司裡悶著頭研發技術、研究專利或進行某項專案，統統自己來。這樣做往往看得不夠全面，問題分析得不是很清楚，進度緩慢，也不知道外面其他公司是怎麼做的？業界的技術發展到了何等程度？

此時，如果**請外界的專家顧問來診斷，提供建議，因為他們在外界已經看過不少類似的問題，很容易發現矛盾或問題關鍵之所在。而且他們從外部人士的眼光，局外者清，只要一句話，或許就能幫你迅速突破難關。**

從局外者角度看問題，還有一個好處，就是局外人立場中立，相對公司內部的人，沒有利益衝突問題，其建議較為客觀。

不懂就問，不要裝懂

無論是聽一堂課、一場演講，或主管交代事情，或在其他場合，都經常看到有人聽不懂，不好意思問，甚至假裝自己懂，其實是自己吃虧。

不懂不要怕丟人，說不定你問出來，才發現其他人也不懂，只是沒說出來。經常看到的情境是，下課或中午吃飯的時候，碰到熟人，學員才敢跟對方說，剛剛那堂課有很多專有名詞，我實在聽不懂，你懂嗎？對方往往回答，我也不懂。

可是，當講師問他們有沒有問題，他們都沒人舉手，講完照樣鼓掌。**不懂又不問，就永遠不懂，而且聽課的時間等於浪費掉了。希望大家養成習慣，不懂就問。**

問路比找路快，吸取別人智慧更快！

記得我開視訊會議的時候，家裡的背景比較亂，不好看，希望把背景去掉，套上一個虛擬的背景。然而，我的頭和手只要稍微動一下，畫面就會產生鬼影，十分困擾，我跟助理花了很多時間都弄不成。但請了專家，在我身後安裝一塊綠幕，再教我一些小技巧，很快就改善了。

當你碰到工作上的技術問題、經營問題，甚至生活中的種種疑難雜症，應該積極發問。對你來說，可能因為第一次碰到，不知道怎麼處理；但對別人來說，或許他已經處理過好幾遍，經驗豐富，一下子就告訴你如何解決，相對來說快得多。

明顯的例子就是找路，以前要看地圖，找老半天，如果敢問路，又問對了熟悉路線的當地人，很快就能找到。即使現在有導航，到了某些地區也可能卡關，問路也會有幫助。這個觀念，應用到許多事情都是一樣的。

敢建議才有機會，權力來自於雞婆

公司內常有一種情況，某個同仁發現了問題，例如某項流程需要改善，他建議主管可以如何做。如果主管認同，大概有六〇%、七〇%的機會，他會說：「這個想法不錯，可是目前公司也沒有專人處理，是否就請你負責？」

有些同仁會想，真是自找麻煩，提出了好建議，最後是增加自己的工作，累死了！卻沒有想到，**你被指派的任務愈多，負責的範圍擴大，更有機會表現，受到主管信任，權力與影響力自然提升，升遷機會也大。**

即使主管最後派別人去做，你提出好建議幫助了公司，也有功勞，未來的發言權會提高。因此，當你既做好份內的工作，又關心公司的事務，提出建議，你的機會就比別人多。權力往往來自於雞婆，就是這個道理。

不要害怕或過於自信，即時講才有挽救機會

有時某些員工因為害怕挨罵，沒有聽懂主管的指令，卻膽怯不敢發問，一味自行摸索。

或者執行任務時遇到困難，擔心跟人求助時，會被認為能力不足，都靠自己想辦法，結果要是任務失敗，不但自己要承擔責任，公司也蒙受損失。

另一種情況是員工過於自信，認為自己的能力可以解決，或是太愛面子等，都可能讓他們不發問、不求助。

無論是哪種原因，當任務遇到阻礙，隨著截止日一天天逼近，員工都可能會陷入焦慮，甚至更不敢發問。直到截止日當天或前一天，情況已經很糟糕，員工迫不得已去跟主管求救，事情卻往往已經難以挽回，鑄下大錯。如果提早幾天如實反映，或許主管還有辦法協助，讓任務過關。

鼓勵大家，**當任務遇到困難，要找主管或同仁談，而且要提早求助，才有機會挽救。**

做好團建，塑造敢言的工作環境

一般而言，主管都很希望員工在會議上提出建言，心裡有話要說出來。甚至主管還會主動問大家，有沒有什麼建議？但常見的狀況是，敢講的人就那幾個，其他人總是悶不吭聲，原因是什麼？

其中一個原因，可能是**平日團隊建立沒有做好，主管給人的印象就是很嚴肅，沒有跟幹部、員工打成一片，導致屬下有話不敢跟主管講**。但他們有意見或抱怨，會不會講？通常會，而且是跟自己熟悉的同事講，這種非正式的傳言，往往對公司是不利的。

老闆或主管要營造讓屬下「敢言」的環境，平常就要一起腦力激盪，一同聚餐、唱歌、旅遊，一起歡笑；或是經常跟員工心談、聊天，讓他們卸下心防，覺得老闆不是那麼高不可攀，而是樂於傾聽、分享，如此才能讓屬下敢於提出建言。

結論：遇事要敢問、敢講，善用專家

- 積極發問，請外部專家顧問來提供建議，都是解決工作與經營問題的好方法。
- 不懂又不問，就永遠不懂。裝懂對自己不利，勇敢發問才是正確心態。
- 我們也要成為建議者，不要怕因此而承擔新的任務。別忘了權力來自於雞婆。
- 當任務遇到困難，要找主管或同仁談，而且要提早求助，才有機會挽救。
- 想塑造敢言的環境，主管要做好團隊建立，常常與屬下心談，氣氛輕鬆，不打斷，引導同仁說出心裡的話。

34 成功者善用正面思考力量，不找藉口，只找方法

運動比賽的正面思考力

打高爾夫球的球友可能知道，當我們的成績到了某個程度，例如打完十八洞花九十桿左右，總想更上層樓，破八十桿。可惜，往往前十洞打得不錯，覺得有希望，後面就開始把球打進水塘、沙坑、OB界外，發生各種狀況。

通常開球的時候，桿弟會提醒你，左邊容易OB打出界，右邊有水塘，前面兩百碼有沙坑等，叫你小心一點。可是對於我們這種業餘球友，他不講還好，一講我們就特別緊張，心裡毛毛的，害怕往右邊掉進水塘，一個失手就打到左邊OB了。

後來我讀到一本很棒的書《心念的賽局》（*Zen Golf*），提到高爾夫球的心理學，告訴我

們，其實不用管哪邊有水塘、沙坑、ＯＢ，只要去想「最佳位置」在哪裡，專注把球打到最佳的位置，往往就有最好的結果，也就是正面思考，不用想太多的意思。

團隊運動也一樣，有個球隊取得資格參加省級的比賽，一方面很高興，一方面又很煩惱。因為他們想到，球隊訓練的時間不是很長，球員的技巧參差不齊，也沒有超級球星，隊長就打電話跟教練說，贏球的機會實在太小了，是否退出比賽比較好？

教練卻說：「我不喜歡你的說法，你可不可以回去想一想，明天用正面思考的方式重新跟我講一遍？」隊長回去思考，第二天說法就完全不同，說我們有這麼好的機會參加省級比賽，得獎之後可以上電視，很多人都會來恭喜我們，一定很風光。我們的新球員雖然缺少經驗，可是很有衝勁，非常團結。我們決定參賽！

經過一段時間的集訓，將士用命，這支球隊果然在省級比賽贏球，獲得佳績。

啟發與迷思

第一個故事的迷思是，太專注於高爾夫球場中「負面」的障礙，愈想要避開障礙，愈做不好。正面思考的心理學卻啟發我們，想著把球打到哪裡是最佳位置，反而更能突破。

第二個故事的啟發也是「往正面想」，教練鼓勵隊長與球員，想想勝利後的甜美果實，以及自身具備的優勢，就能戰勝退縮與膽怯。

態度決定一切，先想正面機會多，先想負面就打退堂鼓

工作的成敗，往往跟我們的態度有關。先想正面，就覺得機會很多；先想負面，容易打退堂鼓。態度決定一切。

就個人來說，只要朝好處想，哪個地方有機會？哪個地方勝算大？尋找自己有優勢的戰場，進行業務或技術的開發等，成功的機會就能大大提高。

從團隊來看，主管的態度很關鍵，不是先看自己有哪些劣勢，愈想愈怕，就益發不想投入；而是有使命必達的決心，激勵團隊一同奮鬥，想盡辦法發揮團隊的優點，並發掘對手的弱點在哪？想想可以朝哪些地方去攻？**不斷往正面去思考，如何可以達成任務，就能無往不利。**

所有事情都有負面問題，做生意就有對手，找方法一步步解決

所有事情都有正反兩面，負面問題是免不了的，重點是如何解決。比方要做一項生意，大部分人開始就想，很可能已經有先行者投入，一想到這點，就覺得大概沒機會；如果看對方還滿強的，更容易打退堂鼓。他們卻沒有想到，**連一個競爭者都沒有的生意，其實少之又少。即使目前沒有競爭者，下一季、下半年也可能出現新的競爭者，**難道我們都要退出嗎？

做生意永遠都有對手。但我們要進一步分析，只要某些領域有優勢、有機會，利大於弊就可行。**甚至我方沒有明顯優勢，但這項生意又頗有利基，也可以盤點自身的條件，能否找出方法一步步創造優勢，排除負面的問題？**只要不放棄，按部就班去做，就能邁向成功。

不要替對方預設立場，不同層級會有不同想法

當我們要跟別人合作談事情的時候，不要替對方預設立場，找一堆負面理由，認為對方不可能答應，**導致自己不敢前進、不敢嘗試，甚至打退堂鼓。**

如果要思考負面理由，主要目的也是為了找出克服它的方法，而不是阻礙自己前進。

比方智享會製作了影音，想找一家知名機構共同行銷推廣，負面思考的人第一個就會想到，這家機構自己也在做影音課程，算是我們的競爭對手，會願意幫忙推廣協會的影音嗎？

我的看法卻不同，當然，如果你找的是基層窗口，或是中階的經理，他可能會覺得我們是競爭者，而傾向拒絕。可是當你找的層級不同，比方我有管道找執行長溝通，他可能想法就不一樣，某些領域我們確實在競爭，但從另一面向看，也可以聯合起來成為夥伴！只要能夠各取所需，互蒙其利，說不定執行長就同意了。**換句話說，往正面思考就有機會。**

成功者找方法，主管喜歡聽可達標的方法，不想聽做不到的理由

成功者找方法，失敗者才找藉口。當業務目標無法達成，屬下經常會提出各種理由，諸如：疫情影響、戰爭爆發、客戶抽單、交貨不順等等，光是這些理由就講了十幾分鐘。**我想提醒當部屬的朋友，無論「做不到」的理由是什麼，都不是主管想聽的！**

主管想聽什麼呢？你要告訴他，要採取什麼行動，才能突破現況，達成目標！如果有機會更深入去談，可以分成幾部分：第一，你已經做了哪些事情來改善？第二，你需要什麼樣的協助，以便達成目標？比如某些產品可以順利交貨給你，你就能讓客戶買下，達到業績。

或是某樣產品單價降一點點，可以成交。或請主管安排拜訪某公司高層，只要見到面，就有機會打進去。

主管聽到你達標的方法及訴求，他就會主動幫助你，或協調別人幫忙，也可能幫你做些調整與建議，讓你達成目標。這才是主管想要的！即使最後沒有達成任務，主管也知道你盡力了。

相信就會想方法，就會做得到！不要等看到才相信

你相信一件事會成，就有機會達成；若你不相信會成，絕對無法達成！比方企業衝刺業績，九月份達到三十億出頭，業務主管提出年度業績目標四十億，CEO卻堅持應該可以達到四十五億。

單看這個數字，通常會嚇一跳，覺得不可能，只有一季時間，去哪裡找那麼多新客戶？但是當主管相信這是可能的，並且鼓勵團隊，以達成四十五億為終點來規劃，就能積極想出方案，例如以地區分配業績，再分下去到各個業務身上。業務們就覺得，其實自己的目標只是增加一些，並不是很多，多跑幾家就有機會達成！

套句很有名的話：「相信才會看見！」（Believing is seeing!）這就是相信的力量！因為目標已經定了，也不能跟CEO討價還價，只能積極去想，這幾億的差額要如何達到。當你認真去規劃，可能會發現，其實也沒原先以為的那麼難！

換句話說，無論是自己設定或主管堅持的目標，只要相信可以做到，就有機會達標。一般人都有潛力，但也會有些惰性，需要半強迫性的推力，因此主管的態度是關鍵，要有信心，幫同仁推一把。

目標導向，out of box腦力激盪，最終柳暗花明

我們智享會的開幕典禮，分成兩個場地，一邊是智享會的辦公室，腹地較小，設有小桌子與茶點；為了容納所有人進行致詞，又在另一邊借了一處禮堂。

通常開幕都會有揭幕儀式，但智享會這邊的腹地太小了，拍照剪綵都很不方便，辦完揭幕儀式又要請貴賓移動到禮堂致詞，致詞完再回來進行茶會，進進出出十分麻煩。同仁就建議我，受限於場地，是否取消揭幕儀式？我認為既然是開幕，又請來這麼多貴賓，冠蓋雲集，一定要有揭幕儀式才有意義，就堅持克服困難，以舉辦揭幕儀式為目標。一定要想出辦

法來！

因為目標已經下達，團隊就去設法。想了很久，最後決定揭幕儀式在腹地較大的禮堂進行，用珍珠板做了一塊智享會的招牌，又準備了類似電影院的紅色布簾，到時候揭開布簾，象徵正式開幕，再另外拉一條紅布條讓貴賓剪綵。

開幕當天效果很好，兩全其美，既完成了揭幕儀式，人員也不必移動；剪綵很盛大，珍珠板招牌後來也可以再利用，十分理想。**這就是目標導向，本來一件事覺得不可能，但把目標錨定下來，out of box腦力激盪，最後就找到了解決方案。**

結論：正面思考，以終為始，可以打開局面

- 工作的成敗，往往跟態度有關。先想正面，就覺得機會很多；先想負面，容易打退堂鼓。態度決定一切。
- 所有事情都有負面問題，找方法一步步解決。只要做生意就有對手，不要輕易放棄，有優勢，利大於弊就可行，甚至可以設法創造優勢。
- 當你想要跟別人合作，不要替對方預設立場，認為不可能，導致自己不願意嘗試。不

同層級往往會有不同想法。

- 成功者找方法，失敗者找理由。主管喜歡聽可達標的方法，不想聽做不到的理由。
- 相信一件事能做成，就會積極想方法。一般人都有潛力，但也會有些惰性，需要半強迫性的推力，主管的態度是關鍵，要有信心，幫同仁推一把。
- 目標導向，以終為始，out of box腦力激盪，就能柳暗花明。

第五章
職場技能篇

35 沒順手完成，沒即時交代出去，造成功虧一簣，成為別人的瓶頸

一個動作，決定任務成功或功虧一簣

有一次，我們跟原廠爭取代理一條新的產品線，需要跟對方提出我們的商業規劃，說明利基，讓對方願意交給我們代理。

關於這件事，其實早在三、四個星期以前，我們的幾位主管已經開過會，並交代其中一位主管進行統合。開會當天因為很忙，後續還有行程，我就沒有把相關市場調查的表格當場完成，而是交給負責統合的主管處理。

沒想到，等到要送件給原廠，準備去開會的時候，我問那位主管是否都準備好了？他才慌慌張張地回答，因為這幾週他忙著出差、開會，直到最後一週才把表格完成，交給負責市

調的同仁火速進行準備。

最後資料回來了，因為準備時間不足，顯得零零落落，很不理想，最後我們跟原廠爭取代理，慘遭滑鐵盧。其實三、四週前開會時，大家還覺得相當有把握，沒想到一份市場調查沒交代下去，延誤了時間，竟然讓任務功虧一簣！

啟發與迷思

故事中的迷思是，主管沒有抓緊時間，趁著會議結束將市場調查表格順手做完，趕快交給屬下去完成資料，拖到最後時間不夠，導致失敗。

反過來說，這也啟發我們，許多事情跟時效有關，錯過了時機，就算做了同樣的事，效果也會大打折扣。

主管自己忙沒交代出去，成為瓶頸

其實工作的拖延，可能發生在優秀主管身上！常見的情況是，主管日理萬機，非常忙碌，底下的人反而沒有那麼忙，還在等著主管交代工作，讓他們執行。

但某些主管沒有養成「順手交辦」的習慣，雖然專注於重要事務，表現不錯，卻對可以快速交代下去的事情輕忽了，或是開完會沒有把結論整理一下，交給屬下去辦。結果，就差五分鐘，沒把任務交代下去，事情就沒進行，等到主管忙完大案子想起來，也許是一、兩個禮拜以後了。於是，主管的忙碌就成為工作的瓶頸，讓屬下的時間閒置，也減損了效率。

有時候，只要主管撥出幾分鐘空檔，把工作交代下去，屬下就能在接下來的兩、三天把事情辦好。碰到這類事務，建議主管趁事情剛發生，或剛開完會記憶猶新，快速交辦。

交代出去要有回收機制

主管把事情交代出去，還要確定有回收機制。現在手機很方便，透過行事曆軟體，可以快速記錄某事交給何人？預計何時完成？時間快到了還會提醒主管，甚至自動進行追蹤，發信給屬下，讓屬下準時提交結果。

然而，**無論是使用軟體、筆記本，請祕書提醒，或是其他方式，重點是主管總要有一個「回收機制」，提醒屬下也提醒自己。**否則任務交代下去，連主管也忘了，要是屬下疏忽，或是拖延，任務就會漏球。

為什麼會漏球？當然屬下有責任，但高階主管沒有定時檢核，過程中未做雙重確認，也是原因之一！

差五分鐘沒做結論，造成議而不決

開會也是一樣，有時候主管花了一、兩個小時開會討論，卻在最後五分鐘功虧一簣，沒有做出結論。**議而不決，當然不可能有行動計畫，帶來任何有效的成果，這場會議也等於白開了。**

有時候，為了補救這五分鐘的疏失，很可能要等一、兩個月，把相關同仁再度召集起來開會，不僅貽誤了時機，也浪費了大家的時間，十分可惜。

馬上指派工作，讓幹部各司其職

有時候，某項工作可能牽涉好幾個人，甚至好幾個部門，因為比較麻煩，主管往往開個會，做成會議紀錄，等「有空」再來處理。但這樣做，通常會讓事情拖延很久。

我的習慣是，開會討論到某件重要工作，牽涉到三個部門，我就請相關負責人抽空來到會議中，當場交代任務，有問題也當場反映、當場討論，馬上就能解決。

如果負責人不方便出席，可以按內線跟他連線討論，速度也很快。假如不方便接電話，都能用Line通知，請他負責某項任務，或協助某件事。總之，**在會議中馬上處理，是處理複雜工作最快的方法，讓幹部立即動起來，各司其職。**

不馬上交代可能從此忘了

主管如果沒有順手交代工作，可能發生什麼狀況？最糟的情況是，可能從此就忘了這件事。等到相關業務出了問題，才想起來自己當初忘記交辦，造成不好的結果。甚至主管還需要花更多心力收拾善後，跟客戶道歉，都有可能。

有時候任務沒有交代出去，不會有立即危害，卻會損失商機。比如開會討論到一個好點子，甚至是一項新產品、新行銷專案的開發，若因為這種原因無疾而終，功虧一簣，豈不是非常可惜？

趁記憶猶新處理，效果較佳

剛剛提到主管要趁記憶猶新，立即把任務交代出去，還有一個原因，就是那項任務的相關情境剛剛才發生，或是相關會議剛剛開完。這時候，主管對事件或會議的記憶非常清楚，更能明確地下達指令。

深入談一下開會的情形，比如對外剛跟客戶開完會，可能有高階主管和三位不同部門的經理共同參加，每個人對會議結論的認知與理解，都可能有些差異。**如果一回來就馬上召開內部檢討會議，擬定下一步行動計畫，因為印象還很深刻，可以迅速釐清幹部認知的落差，精準執行。**

但如果拖了一個禮拜才做，可能主管自己的記憶也模糊了，記不清客戶說些什麼？用意為何？要是幹部有不同的解讀，那就更麻煩，要花很多時間跟幾位幹部互相校正，才能得到結論。

保持兩手空空，沒有待決事項，主管更輕鬆

我認為，主管儘量讓自己兩手空空，當天把該交代的任務都交代下去，清空待決事項（pending issue），是最沒有心理壓力，也最輕鬆的。因為清空了，就只要等別人給我答案，自己不用煩惱。**即使在外參加活動、開會，沒有辦法即時處理完畢，我也會利用車程的空檔，分別交代出去。**

反之，有些主管習慣把工作放著，愈積愈多，直到沒有辦法處理為止。這樣的話，他就很容易變成部門的瓶頸。

結論：順手交代工作，最有效率

- 主管不要讓自己成為瓶頸！有時候，只要撥出幾分鐘空檔，把工作交代下去，屬下就能在接下來的兩、三天把事情辦好，效果也最好。
- 主管除了交辦，還要有一個「回收機制」，提醒屬下也提醒自己。並且要加上定時檢核、雙重確認，以確保任務順利執行。

- 開會最後五分鐘很重要，要做出結論，不要議而不決。跨部門事務，在會議中當場跟相關人談妥，是最快的。
- 對外會議結束後，一回來就召開內部會議討論，記憶猶新，較能精準執行。
- 利用車程空檔，把待決事項解決掉，主管反而會更輕鬆。

36 好的提問力，決定你的成功溝通

缺乏提問力，話不投機半句多，敗在面試最後一關！

過去我們應徵高階業務主管，可能花了一、兩個小時，了解應徵者的本質與各方面能力，也介紹我們公司。當然因為是業務部門徵才，需要人才主動、積極，我希望應徵者能主動提問，也可以釐清他想了解的地方，因此，還特別留了較多的時間讓應徵者提問。

有好幾次，我問應徵者有什麼問題？他卻說，我已經到友尚的網站看過，都做過了解，我沒有什麼問題。但就我的觀點，這代表他問不出好問題。如果對我們公司網站仔細了解過，一定可以發掘出專業上值得問的問題才對，他會覺得沒東西可問，正表示他的程度不夠，不知道從何問起。

另外一次，應徵者的確問了，卻是一些膚淺的問題，比如週六會不會上班？平日是否常常要加班？這些問題不是不能問，但對於應徵高階主管的人才而言，只能問這種問題，顯得層次太低，有點斤斤計較，像是應徵中下階層職務的人在提問，缺乏高階主管應有的格局。

我不禁大為搖頭，前一小時面試，本來對應徵者印象還不錯，這下全打壞了！

啟發與迷思

從應徵者問的問題深淺，可能已經讓主管做出決定，要不要錄用這個人！

高階業務人員一定要有主動提問的能力，即使沒話講，也要找出話題，未來拜訪客戶才能游刃有餘，從五四三聊天切入，慢慢了解客戶狀況，帶入正題，開創商機。如果連應徵時給他機會，他都提不出問題來，或是問得太淺，話不投機半句多，很難期待將來他的業務可以做得好。

因此對於應徵者而言，最重要的啟發就是，要培養提問力，預先準備，在有限時間內問出有深度的問題。

提問問題的深淺，決定別人對你的印象

無論你參加面試，或在一些其他場合，如拜訪客戶、開會討論問題、長官跟你面談時給機會提問等，都是決定印象好壞的關鍵時刻。幾個忌諱包括：提問太淺、方向太偏、文不對題，或是只問自己權益而不管大局。

以面試的場合來說，如果應徵者出現這幾個現象，通常我們公司是不會錄用的。**你覺得沒問題可問，無所謂，我也沒有問題問你了，因為我已經決定不用你。**

事先了解對方，問對方可以暢所欲言的問題

不只是面試，包括公司內的任何面談，或是去外面開會、拜訪客戶談案子等等，都可能用到「提問力」，怎麼辦呢？首先，要儘量事先了解對方，無論是找資料、跟人打聽都可以，窮盡各種方法，知道對方關心的議題是什麼。

了解對方後，就可以設計你的提問，問的問題是對方所關切，而可以暢所欲言的話題。這個要訣跟五四三聊天是一樣的，儘量讓對方談得高興，而不是你自己講得很多。相反地，

如果你完全不做功課，所問的問題對方並不關心，或是難以回答，氣氛就會很尷尬。

有時候需要臨機應變，一個常用的方法是，當你去跟客戶提案，或是應徵一家公司，至少會知道對方產品與強項是什麼。此時，**不妨站在一個粉絲或愛用者的角度，與對方拉近距離**。只要展現出興趣，請教對方，讓他充分發揮，通常都會有不錯的效果。

避開地雷，不窮追猛打

在聊天拉近距離的時候，要留心避開地雷。常見的地雷包括政治立場、宗教信仰、婚姻狀況、有幾個孩子等等。假如政治立場或信仰不同，當你批評某些人事物，就會引發對方不滿。隨便打聽對方的婚姻與兒女，也許對方已經離婚、再婚，或是不孕等等，都可能踩到地雷。

若你事先有所了解，知道對方不喜歡哪些話題，就能主動避開。其次，不妨有意地避開常見的地雷話題，不要談，除非對方主動提起，再做適當的回應。最後，**要察言觀色，碰到某些話題，你發現對方表情不太對，或有點尷尬，就不要再問了，千萬不要窮追猛打，只會引起反感而已。**

事前研究，問對問題，切中要點，才有好答案

剛剛講的要訣，只是開場聊天的開胃菜，讓對方暢所欲言，此時還沒切入重點。進入跟對方正式討論提案的階段，就要拿出專業，事前的準備更是重要。

舉例來說，當對方請你提問，其實你早已事先設想過，要問對方什麼問題；甚至設想過對方大概會有哪些回答，對方的權限到哪裡，你可以如何回應等。當然，**在沙盤推演中，也要思考如果是敏感問題，要如何問，才不會引起對方的反彈**。

因為你已經事先研究，就能問對問題，切中要害，這樣才會從對方口中得到好的答案。

掌握漏斗式結構提問，善用舉例說明

問問題要有結構與層次，有些人一口氣提出四、五個問題，其實是無效的。一下子問太多，對方甚至記不清楚你提了哪些問題，很可能只會回答最後一個，或是倒數第二個問題，達不到溝通的目的。

有結構的提問則不同，是掌握漏斗式提問技巧，先從開放式的問題開始，再從對方回答

的細節中，深入請教一些關鍵之處，一次只問一個問題，最多兩個。

反過來說，從面試官的角度，漏斗式提問也能幫助他了解應徵者。比方詢問應徵者執行某項專案的經驗，就可以**把握「情況、行動、結果」三段問法，逐步問清楚**。先問那是什麼樣的專案，面對哪些挑戰或困難，了解基本情況；接著問他採取了什麼行動，如何完成專案？最後再問結果如何？按照結構，一次問一個問題，既讓對方好回答，不失禮，對方也不容易蒙混過去。仔細聆聽應徵者是否有條理地描述細節，就知道他是否說出了真正的經歷，可了解他的能力與本質。**此外，善用「請舉例說明」的提問技巧，可以避開實問虛答，得到真正答案。**

用開放式、申論題提問，不問選擇或是非題

有些人提問慣用選擇題，甚至是非題，問對方是或不是，有或沒有，往往一下子就冷場，無法談下去，也得不到比較深入的答案。這就是封閉式的提問，通常效果較差。

根據漏斗式提問的原則，我建議用開放式問題、申論題開場，例如面對一位老闆，問他說：「您的公司如此成功，到底是如何經營的？」或許對方就能講出不少心得。簡而言之，

設計問題的原則，就是讓對方發揮他的所長，暢所欲言。

一邊傾聽，思考下一句，隨機應變

讓對方暢所欲言之後，還要留意傾聽，從對談的重點內容，思考下一句的提問問題，**需要隨機應變，假如某個議題很重要，可以追加開放式問題，例如：「您的某項經歷很棒，可以深入談談嗎？」但若對方談得太發散，也可以用漏斗式提問來收窄**。比方某專案對方談了太多細節，可以回到剛才談過的幾個重點，問他說：「你認為最重要的是哪一點？」

當然，運用提問技巧也跟你的角色有關。如果你是應徵者或提案者，要看對方給你多少時間提問，通常問題要簡潔，直指重點。此外，也不太適合一直追問對方。但假如你是面試官，因為對方必須詳細回答，提問就可以多設計一些結構與層次，幫助對方把經歷講清楚。

面試官也要留意聆聽弦外之音，或應徵者在回答時，不經意說出的經歷，與他的價值觀。以我個人的經驗來說，經常是從這些地方，發掘出應徵者的本質。

結論：提問事先準備，掌握提問技巧

- 身為應徵者或提案者，一定要培養提問力，事先準備有深度的提問。
- 開場時，提出讓對方能暢所欲言的問題，以粉絲或愛用者角度拉近距離。
- 要察言觀色，碰到某些話題，發現對方表情不太對，千萬不要窮追猛打。
- 進入正題，提問前更要事先研究，問對問題，切中要害，得到好的答案。
- 掌握漏斗式提問技巧，先從開放式的問題開始，再傾聽對方回答的細節，深入提問。一次只問一個問題，讓對方好答，也不會跳過關鍵問題。

37 想要達成良好溝通，必須在適當時機與場合，用對提問方式

看到屬下激烈爭吵，如何溝通？

我們公司有一位很優秀的ＰＭ，過去有一次進錯貨，造成死貨，使公司蒙受損失。為了這件事，他與直屬主管在會議室爭吵，吵得很大聲。當時我正好經過聽到，原來，ＰＭ進這麼多貨其實有他的道理，因為當時他看到某些跡象，顯示後來會缺貨；而且有好幾家客戶在設計產品，都可能用到這種零組件。但主管也有他的立場，他認為結果就是造成了損失，ＰＭ當時進貨應該保守一點，這件事當然是ＰＭ的錯。

嚴格說來雙方都有理，又在氣頭上，難怪吵得不可開交。之後不歡而散，那位ＰＭ就想要辭職。我平時觀察這位ＰＭ是不錯的人才，便找他心談，鼓勵他說，平常他做得很

好，也想深入了解他這次為何會大量進貨。

因為對話的氣氛比較好，我讓他充分表達，他就能暢所欲言。他對進貨的決定提出了許多理由，以我在這個行業的豐富經驗判斷，聽起來都很合理。但他的主管卻不是以協調的立場，了解他的問題，而是一上來就凶巴巴地指責他，才讓他萌生辭意。

所幸，我沒有在吵架的第一時間介入，而是事後找了個比較放鬆的場合，用關心的方式跟這位PM談，最後順利把他留下。另一方面，我也找機會跟他的主管談一談，了解這次的錯誤到底出在哪裡，並促使雙方再一次溝通，彼此都有個台階下，我也肯定雙方都是為公司好，將一場風波化解於無形。

後來，這位PM果然為公司立下功勞，做出不少的貢獻。

啟發與迷思

在這個故事中，主管的迷思是，看到屬下出錯就要究責，劈頭把負責的人罵一頓。主管或許是想讓屬下知道嚴重性，不敢再犯，也要懲處以儆效尤，卻沒有想到更周延的做法，應該先探討錯誤發生的理由，有沒有不可抗力的因素，再來決定對屬下的態度。

屬下則是衝動了一點，吵了一架就要離職，其實事緩則圓，可能還有其他的方法可以化解衝突。

站在對方立場，互換角色思考，強力說服很難成功

無論在家庭或職場，**當一個問題發生，要站在對方的立場，互換角色思考**。因為每個人都認為他的理由是對的，單純站在自己立場強力說服，很難成功。我建議要站在對方立場，假設「如果我是他」，想想對方的理由有沒有道理。

許多衝突的發生，背後有許多因素。在前面的故事中，ＰＭ覺得自己對，幫客戶備料，也看準未來生意會不錯，沒想到會碰上意外。主管則是看到結果，發現料件的庫存很多，認為一定是ＰＭ判斷錯誤。嚴格說來，雙方都有道理，只是立場不同，當我們有了這項認知，就能彼此諒解。

如果主管完全聽不進屬下的解釋，堅持己見，試圖強力說服對方，很難達到溝通的效果，甚至可能讓優秀的屬下因而離職。

在對的環境溝通，效果不同

談同樣的一件事，環境不同、場合不同，可能收到完全不一樣的效果。主管在公開場合責怪部屬，可能讓他下不了台，憤而離職；但到辦公室私下指正，也許就沒有任何後遺症，說不定屬下還會覺得主管很關心他，幫他解決問題。

企業創辦人跟二代之間，往往也有相同的狀況，兩代之間想法不同，在公司直接談，氣氛很僵。回到家又有其他家人在，不宜談公司機密。**這時換個環境，創辦人單獨約孩子到外面，找個隱密的包廂談話，效果就好得多。**

找對的時機溝通，才有好結果

即使是同樣的事，在同樣的環境，談的時機不同，結果也不同。比方雙方都在氣頭上談，一定沒有結果。等情緒平復一下，隔天再談，效果可能就好很多。

還有個狀況是，雙方有一件要事要談，但談話時間很短，例如一方接下來馬上要見客戶、有急事，只能談二十分鐘。這時候，光是聽對方交代事件的來龍去脈就不夠了，幾乎不可能表達安慰、鼓勵，或幫忙想出好的方案。而且在時間壓力下，談話的態度可能變得更急躁，導致不歡而散。

因此在溝通之前，需要算好大概需要多少時間，甚至把時間抓得寬一點來進行，時間不夠就不談。對於**比較繁雜或有衝突性的溝通，應避開對方業績不佳、心情低落的時候，選擇自己與對方的情緒較佳時，在對的時機溝通，才能締造好的結果。**

問的方法不同，得到不同溝通結果

環境對了，時機對了，還要留心問事情的方法。若帶著責備的口吻，例如：「你幹麼要進這批貨？不知道會賠錢嗎？」很容易引起對方的反彈。

反過來說，如果你帶著關心、協助的口吻，一次一個問題依序問下去，比方說：「我知道你是對公司好，當時你為什麼會想進這種零件？」「是為了供應哪些客戶？」「這些客戶現在狀況如何？」「是否需要我給你哪些協助？」**問話的口吻帶著關懷，對方的反應也會截然不同，願意說出事件的真實狀況、細節，以及他個人的感受等。**

把結果拉到前面做思考，事前準備腹案，並有備胎方案

許多事情在溝通之前，需要準備腹案。例如跟內部的長官建議，或是對外提案，都要有個腹案，你打算怎麼做，來滿足對方的需求，同時達到你自己的目標？

甚至你還要事先考慮，如果對方不接受，你的備胎方案是什麼？如此一來，即使對方不接受第一個方案，你還是有機會透過備案，得到自己需要的資源。

準備腹案與備胎方案有個原則，就是把「結果」拉到最前面進行思考。要設想各種可能的後果，甚至最壞的狀況。比方優秀ＰＭ進錯貨這件事，主管就不應該讓情緒主導了自己的溝通，而是先想結果。主管打算因為這件事，讓這位優秀ＰＭ辭職嗎？辭了以後誰來接任？相反地，如果留下他對公司較有利，應該如何溝通較好？種種可能性都要先想清楚，再進行溝通。

卡關時要替對方找台階下，得理且饒人

如果雙方溝通卡關，要替對方找台階下。比方ＰＭ雖然進貨造成損失，但他堅持自己

進貨的判斷是對的，主管又想留下他，就要想辦法繞個彎。如果主管直接要求他為進貨的事道歉，他可能更生氣，達不到想要的效果。

這時候，或許主管先認錯，自己說不好意思，我沒有事先提醒你少進一點貨，才造成損失，這件事情我也有責任。主管這麼說，讓ＰＭ有個台階下，說不定他也會承認自己有錯，與主管一同承擔。換句話說，**雖然ＰＭ造成公司損失，理在主管這邊，但主管「得理且饒人」，就讓ＰＭ能接受，甚至願意配合。**

不要開門見山，先五四三聊天製造氣氛

有時候，要溝通一件重要事務，甚至是提出要求，麻煩對方幫忙，開門見山並不是好辦法，可能把會面搞得很緊張，破壞氣氛，讓事情談不成。

常見的做法是找對方聚餐、打球，先五四三聊些輕鬆話題，讓彼此的氣氛良好，不要太早進入正題。**許多時候，甚至是吃到最後一道菜，或高爾夫球打到最後一洞，相談甚歡到了尾聲，才不經意地提出某事需要麻煩對方協助。**這時候，因為前面已經營造許多愉快的氛圍，對方就可能聽得進去，願意幫忙。

結論：掌握溝通的藝術，事先準備，柔能克剛

- 溝通要站在對方立場思考，強力說服很難成功，導致不歡而散，甚至破局。
- 如果主管完全聽不進屬下的解釋，只想強力說服對方，很難達到溝通的效果。
- 溝通的地點與環境、時間長短、雙方的情緒狀態與時機等，都會影響結果。
- 問話的口吻帶著關懷，表達協助的意願，對方的反應通常較好。
- 溝通前要準備腹案與備案，準備的原則是把「結果」拉到最前面進行思考，設想各種可能的後果。
- 如果溝通卡關，要替對方找台階下，得理且饒人。
- 溝通的時候，開門見山、單刀直入，效果通常不好。營造愉快的氛圍，最後再提出要求，成功的機率才會大增。

38 事前事後溝通，善用暫停手法，達成溝通目的

喊出暫停，轉變局勢

眾所周知，大聯大控股是由七家公司整併而成，當時我們也費了許多時間、心力討論，到底要整合成一家或兩家公司？還是分成四個或三個集團？或根本不整合，各公司架構維持原狀，只是納入同一家控股之下？

這件事牽涉到各公司的立場，以及許多人的利益，必然是高難度的溝通。我當時擔任策略長負責集團整合的事，參與了所有的討論，記得為期七天的會議，已經開到第五天了，所有高級幹部都關在宜蘭的一家飯店，大家各執己見，相持不下。尤其到底要整併為幾個集團，完全沒有共識。有些人覺得既然要整併，就要併成一或兩家才有意義，另一些人則無法

接受。於是，每當大家快要有結論，總有人談不攏，又要全部重來，把氣氛搞得很僵。後來我就建議暫停，反正勉強談下去也沒有結果，乾脆大家休息一下。大概過了二十分鐘，大家抽根菸、喝個茶，一方面紓解壓力，一方面有些人也私下說出了心裡的話，把話講開。想不到經過這一個轉折，回來以後，剛剛爭執的問題居然無形中消失了！有些人原本非常堅持某一點，也願意先放下，坐下來談。

其實我從頭到尾的想法都是，只要CEO是一位，底下分成幾個集團沒有太大差別，就算集團的數目多，也可以產生良性競爭。可惜有些人對這個想法難以接受。沒想到暫停休息之後，很快就達成了結論，最後大家同意統合在一位CEO之下，分成四個子集團。經過一段時間的磨合，各集團的業績都有提升，至今大聯大控股一直是同業當中的全球第一，發展良好。

啟發與迷思

開會一定要有具體結論，這是對的，否則議而不決，決而不行，會議等於白開了。但開會的迷思是，即使討論陷入僵局，主席也要把所有人強留在現場，非等到達成結論為止，這種做法不見得正確。有時候，還會適得其反。

前面故事給我們一個啟發，當溝通產生很大的歧見，甚至與會者有了情緒，暫停休息可能是個好辦法。一方面避免衝突激化，一方面各執己見的人有機會喘口氣，想一想，也可能改變想法，讓後續的溝通更加容易。

事前充分準備，第一次提案已經決定成功一半

會議或提案的成敗，經常取決於事前的準備。如果準備不夠，與會者可能覺得你提出的方案不完整、資料不足，沒辦法做判斷，會議中就無法做出決定。即使你說，沒關係，等我們補齊資料，下次開會再討論，可是到了下一次會議，或許情境和外在條件又有了變化，也未必會成功。

我認為最好的情況，就是第一次提案前做足準備，一次過關。如果到了第二、第三次提案，反而會更難說服對方，你會發現資料愈補愈多，提案通過的機會卻沒有隨之提升。甚至過程中殺出程咬金，競爭對手出現，他準備的資料比你齊全，你連第二次提案的機會都沒有，案子就被搶走了。

因此，無論是提案、開會或溝通，除了事前充分準備之外，還要經過一次、兩次預演，確保你的資料完備，表達清楚，深具說服力，務求一擊而中。

會前會先溝通修正，事後私下個別溝通再議

遇到重要會議，跟與會的關鍵人士先做「會前會」的溝通，往往是成功關鍵。我有許多高階會議的溝通經驗，例如董事會要提出某項重大議案，就經常需要留意哪幾位董事最可能有意見，找他們開一場會前會先行溝通，如有必要，可聽取他們的意見進行議案的修正，將有助於董事會順利進行。

為什麼會前會很重要？因為會議中會出現反對意見，往往不是因為某人真的反對，而是對議案不了解，難以接受。會前溝通有可能事先化解這種狀況。一般來說，會前會有兩種，**首先要在部門內先召開會前會，先把議案釐清，沙盤推演；然後邀請聽取報告的相關人士，例如某幾位董事，再開一次會前會，以去除溝通的障礙。**

即使做了這些準備，在會議中，還是可能有人提出反對意見。此時，除了會議中討論之外，事後往往需要找他個別溝通，了解他的疑慮，加以解釋，甚至需要對原議案進行補強。

需要這麼做，是因為會中討論時間較短，往往無法清楚表達；另外會議有錄音，某些話對方或許不好直說。凡此種種，都需要藉由會後個別溝通來釐清。

沒達共識的事件暫不決定

有時會議為了達成結論，需要動用表決，這個做法未必是最理想的。**以公司營運來說，我更傾向採用共識決，暫時有一、兩個人堅持反對，通常我不會馬上付諸表決，**而是讓事情緩一緩，保留一點時間，也許個別溝通之後下次再談，就有機會取得共識。

如果在沒有共識的情況下，急著表決，對公司的營運與協作是不利的。這樣做，沒機會讓反對者更深入了解議案，他也會覺得自己的意見不受重視。即使議案通過，未來執行起來也可能遭遇到意外的阻力。

當然，並不是說完全不動用表決，如果某議案很重要，有時間性，溝通幾次仍然未達共識，還是要有魄力發動表決。只是說在可行狀況下，我傾向尊重反對者，暫不決定。

稍事休息，緩和氣氛再談

當會議或溝通陷入僵局，可以稍事休息。在休息的空檔，有人會抽根菸、洗把臉、鬆開領帶，或談些輕鬆的話題，彼此拍拍肩膀，道個歉；甚至有些話不吐不快，私下罵一罵，把壓抑的情緒紓解，這些對緩和氣氛都有幫助。

經過這段過程，再回到正式會議中，**因為脫離了剛才的僵局，化解了衝突、有張力的情緒，事情往往會變得比較好談。**

轉移話題，氣頭上少說兩句

有時會開到一半，對立的雙方火氣漸漸上來，主席要有本事轉移話題，比如暫停、休息，或點名第三方發表一下意見等，避免讓衝突一直升高。

如果生氣的就是你自己，要練就一套本領，告訴自己，你現在正在跟人溝通，氣頭上一定沒好話，少說兩句。**甚至寧願離開現場，跟對方說等一下，我去喝口茶，休息一下再回來談，以免情緒控制不住，反而說出傷害關係的話。**

抱怨的信件，等一天讓心情平靜，修正後再發

職場上還有個狀況很常見，你接到對方的信件，很生氣，寫了一大堆抱怨的話，馬上就發出去。逞一時之快，卻得罪了老闆或客戶，得不償失，事後往往會後悔。

我建議你養成一個習慣，抱怨的信件一律存到草稿匣，最少等一天讓心情平靜，修正後再發。發之前可以再想一下，對方來信真的有惡意嗎？你確定抱怨信要像這樣發出去嗎？發出去以後，對方可能會如何反擊？會有什麼後果？如果對方是客戶，你跟他爭執，丟掉客戶，是你要的結果嗎？

通盤想清楚之後，你自己的情緒有所平復，或許會覺得事情沒這麼嚴重，抱怨的信就不發了。如果確實有必要去信溝通，也可能會把難聽的話修掉，再發出去。

耐心聆聽，不輕易當面反駁

溝通的時候有歧見，往往對方講了一句，甚至半句，你就當面反駁，這種做法一定會升高衝突。因為你沒有完整聽完對方的話，斷章取義，對方會更生氣，愈吵愈兇。

另外，人平常的溝通未必很精確，有時候第一句話並非對方真正的意思，得讓他多說幾句，繞了一圈回來，才會說出真正的心裡話。如果缺乏耐心，沒聽完就急著反駁，你就沒機會聽到對方真正的心聲。

因此，**當面溝通時，要聽完對方的話再反駁。更好的做法是當面不反駁，先傾聽，回去想一想，再決定要不要反駁。**如果確實意見不同，可以另外找場合或寫信溝通。因為衝突發生的場合，可能有其他人在場，你指出對方的錯，他可能面子掛不住，就無法化解。

結論：溝通前做準備，善用暫停技巧

- 無論是提案或開會，除了事前準備之外，還要經過預演，務求一擊而中。
- 遇到重要會議，跟與會的關鍵人士先做「會前會」的溝通，往往是成功關鍵。取得共識比強行表決更好。
- 當溝通或會議陷入僵局，可以宣告暫停，讓情緒緩和，後續比較好談。
- 可養成習慣，抱怨信件一律存到草稿匣，最少等一天讓心情平靜，修正後再發。
- 當面溝通時，要聽完對方的話再反駁。更好的是當面不反駁，先傾聽，回去再做決定。

39 要怪自己沒準備好，不要怪對方或主管沒回應

原廠代表虛晃一招？其實是你沒準備好！

我們公司代理國際大廠的半導體元件，原廠可能派員到台灣拜訪，由原廠台北辦事處的人員陪同。見面開會時，我們同仁會反映很多問題，包括：價格太高、交貨延遲、產品規格有落差，或希望原廠提供新規格的產品等。

開會的當下感覺都很順利，對方說回到原廠都會反映。可是，等了半個月、一個月，卻發現所提的問題都沒有解決，對方一點回應也沒有。某些同仁就抱怨，原廠代表根本是來吃吃喝喝的，回去以後就不理我，把責任全都推給對方。

然而這些同仁忘了，還有另一種可能，就是我們準備的資料不夠、簡報技巧不佳，不足

以說服對方，讓對方埋單，或幫助對方回去說服他的主管。

於是我們重新檢討，下次再跟原廠開會時，不只是反映問題，加上解決方案的選項，更提出充分的資料，讓對方感受到問題的嚴重性。例如提出統計數據，像是價格太高、交期延遲，如何影響到原廠自己的銷售量，讓他們了解造成多少損失；客戶對新規格的產品有多大的需求，可能帶來多大的營收等。而且在會後指派專人追蹤，繼續跟原廠進行溝通。

結果對方回去以後，在很短的時間內就回應了，多半接受我們的訴求。即使不接受，也給出替代方案，雙方皆大歡喜。

啟發與迷思

在這個故事中，同仁的迷思是，向對方提出訴求之後，只要他沒有反對，或是答應回去反映，責任就歸對方，自己不必管了。這種態度經常導致己方的訴求無疾而終。

反過來說，這也啟發我們，我方的責任範圍應該擴大到「問題解決」為止，所以事前的充分準備，跟事後的追蹤都是我們的責任。有了這種態度，才更有機會讓自己的訴求被接受。

要怪自己準備不足，沒有佐證資料，沒說服力

當你向原廠提出訴求，向客戶提案，或向主管提議，不被接受時，常見的情緒反應就是受挫、埋怨、責怪對方虛晃一招或者不識貨。其實這對於未來提案的通過，沒有半點好處。

我的建議是反求諸己，先看自己的提案是否清楚、完整？有沒有提出佐證資料？資料中是否有足夠的數據？邏輯架構是否合理？更重要的，這些佐證是否能代表影響了「對方的」利益，而不光是影響「我方的」利益？

提出充分的佐證資料，讓對方覺得接受你的提案，他也賺到，才會有足夠的說服力，讓提案過關。

自己報告不佳，別怪對方不埋單

有時候，同仁準備的資料充分，提出的建議也是雙贏，我方和對方都有利，但是對方就是不接受。同仁常感到非常挫折，跟我表達他們的困惑。

我卻知道，這些同仁雖然認真，準備資料到前一天深夜，但簡報卻是臨時上陣，不但沒

有預演，甚至沒有把資料做較佳的消化與整合。因為表達不清楚，無法讓對方感覺到這項提案的急迫性，對方自然不會埋單。

因此，還是要回歸到準備工作。**排定時程，落實蒐集資料、製作ＰＰＴ、簡報預演等步驟；面對原廠，還要準備好英文報告的手稿，做出優質的報告，才能說服對方！**

不要對牛彈琴，要對有決策權者提案，才會有回應

提案也要留意對方是否有決策權，專業領域是否相關。假如對方是工程師，你對他提出價格問題，他根本無法回應；對方是業務，你跟他談規格的技術問題，說不定根本聽不懂；對方只是業務經理，當你提出高階的訴求，例如賠償問題等，他也決定不了。

對於對方權限外、專業領域外的事務，無論你提出任何提案或建議，往往都是對牛彈琴。**最好是透過人脈，設法找到關鍵人物，確定你的提案跟他具決策權的範圍吻合，直接對有決策權者提案，才能得到回應。**如果實在無法見到高階決策者，才退而求其次，找能夠接觸到決策者，而且理解我方訴求的窗口，準備摘要與充分的資料，請他協助轉達。

替對方準備選項，才會有結果

溝通時，不只反映問題，要提供對方選項，讓他選擇，才能得到對己方有作用的結果。以我們跟原廠溝通為例，因為原廠的元件價格太高，導致我們毛利太低，甚至虧損，我方希望對方能增加一%的佣金。

有時要對方讓利一%很難，不會有結果，可提出替代方案。例如請對方提供某些利潤較好的產品給我們賣；或是總業績超過多少，可以根據超過的額度，給我們三%至五%的獎金；或是付款期從六十天延到九十天，以減輕利息負擔；或是多給我們一些樣品等。這些做法在對方來說，比較容易接受，我方卻有把握，藉此獲得「等值於」對方讓利一%的效果。

上述的方案**甚至可以混搭來談，列成多種選項，只要對方接受其中一部分選項，對他來說可能不痛不癢，我方的目標就能達成。**

所提的需求要合理，且在對方權限之內

提出需求前必須斟酌，要合理。有些人誤用談判技巧，把菜市場殺價那一套拿到正式商

業會談，一上來就砍五%，打算再跟對方討價還價。他卻沒想到，砍五%根本不合理，把對方的利潤全砍光了，對方認為他一點概念都沒有，會談的氣氛惡劣，根本就談不下去。當然，這種要求也遠遠超出了對方的權限。

因此，**在談判提出要求時，要有技巧地探知對方底線在哪裡？以砍價為例，要讓對方「有點痛，又不會太痛」，乍聽之下不願意接受，但仔細想想，好像又勉強行得通。**

此外，你又給了他好幾個選項，甚至混搭的方案，讓他可以從中選出「最不痛」的一個。最後，也許對方為了談成這筆生意，就接受了你的要求。

另外就是權限的影響，或許你要求降價、撥獎金，超過對方權限，他必須回去請示主管，增加許多變數。**但請對方多給一些樣品，或開放某些產品讓你賣，可能在對方的權限之內，他當場就接受了。**

無足夠資料，別人無從幫忙

通常原廠代表出差來到台灣，不太可能擁有百分之百的決策權，許多事情還是要回去討論。**對方也需要上報總部，或跟主管報告，甚至取得財會等跨部門的共識，才能答應你的**

要求。

此時，如果你提供的資料不足，他要向上報告，也不知道從何寫起，或覺得很麻煩，事情一忙就忘了。所以，**我方要替他設想，他向上報告會需要哪些資料與數據？替他準備好，他回去只要複製貼上，就能完成報告，回應我方訴求的機會就大。**

更用心的例子，甚至不只是提供中英文資料，面對韓國原廠，我們還把資料貼心地翻譯成韓文，結果對方很快就願意幫我們處理。

善用是非題，以報告代替請示

最後談到跟主管提建議，不獲回應的問題。有時這是主管性格因素，思考較縝密者，做決定也較慢。你如果想要快速得到答案，除了提出建議，最好還要列出幾個不同的選項，說明利弊，請主管選擇。

如果有了選項，他還是猶豫不決，你可以進一步提出報告，根據哪些因素，你分析某個方案最好，若主管在幾月幾號前未表示特別意見，你就直接執行該案。如此，就**把選擇題變成是非題，以報告代替請示，用強迫接受的方式，既達到了尊重，又可以提升決策的效率。**

結論：提案內容與技巧缺一不可

- 提案或提出要求時，必須提供充分的佐證資料、數據，還要準備簡報並預演，內容與技巧缺一不可，才能說服對方。
- 最好是透過人脈，設法找到關鍵人物，確定你的提案跟他具決策權的範圍吻合，直接提案，才能得到回應。
- 提出要求時，要給對方多種選項，是合理、容易接受的，且在對方權限之內。對方只要選擇其中一部分，我方的目標就能達成。
- 如果對方還要向上報告，才能回應我方要求，應幫他把資料準備好。
- 對主管提議時，也要列出選項，甚至把選擇題變成是非題，以報告代替請示。

40 善用工具，記住重要數字，懂得數字管理

善用工具，掌握數字，管理切中要害！

過去，我手下的主管跟我討論公司業務，不少人緊張又害怕，甚至手都會發抖。在他們的印象中，我什麼數字都記得，從上次討論到哪裡，最近績效如何，樣樣都瞞不過我。只要我問幾個問題，他們就會穿幫或答不出來，因此只要來跟我報告，個個都緊張得不得了。

有一次有個主管鼓起勇氣問我：「您日理萬機，為何各部門的關鍵數據，您好像都記得？記憶力真厲害！」

我告訴他，不是我厲害，我不過是善用工具，記下重要的數字，和上次討論的紀錄。跟他們討論之前，我只要把紀錄檢視一遍，藉由邏輯思考，很容易就能掌握狀況，甚至抓出其

中的漏洞。在他們看來，就以為我什麼都記得住。

還有一次，我跟幾家公司老闆聚餐，聊到我觀察過許多部屬，就數字管理的層面，可以區分為四等。他們很關心數字管理，聽了很好奇，立刻問我怎麼解釋？

我說，第一等人才，你問他，馬上就能回答，這種人最優秀，升遷的機會最高。第二等人才，看一下資料就能回答，表示他有紀錄，只是一時記不起來而已。第三等，通常跟我說要回去查查看，卻得把過去資料翻箱倒櫃，重新整理，好不容易才答出來。第四等人就算回去查，也查不到，表示連資料他都沒歸檔，是最差的。

老闆們聽了我的分類，連連點頭，大家一番暢談，分享彼此的管理經驗，都覺得很有收穫。

啟發與迷思

有些人認為數字管理能力是天生的，就像我手下的主管以為我記憶力超群，什麼都記得住，才能做好數字管理。其實這是迷思。

啟發則是，只要善用工具，例如手機、平板，記錄每次討論，掌握關鍵的數字，尤其是代表最終結果的數字。而且在每次討論之前，調出來複習一下，任何人都能做好數字管理。

善用工具，檔案歸類得宜

檔案歸類是很重要的，什麼資料要歸檔到哪個資料夾，必須邏輯清楚，才能迅速查找。比方我在手機、平板使用GoodNotes或備忘錄的時候，有一套記錄的方法，將同類資料整合為一個專案，比方說，專案一是我跟李知昂正在寫的新書，專案二是我在某企業分享的資料，一項一項、清清楚楚，找起來就很快。

要做到這一點，需要先了解工具，現在許多數位工具都內建很好的資料管理系統，而且可以跨平台整合，例如把行程跟手機行事曆整合，時間到了會提醒；或在公司電腦整理的資料，透過線上連結，在平板也能隨時查閱。

當然空有工具，不代表你就能做得好，還要歸類清楚，同類的放一起。以文字標題來說，命名有邏輯、有系統，就易於查找。或像GoodNotes以圖像管理，我只要看到某本書的封面，就知道那個檔案夾是我要的資料。

總結來說，要先熟悉工具，再對檔案進行歸類，標題命名有邏輯，善用圖像提示，這些

動作對檔案管理的幫助都很大。絕對不是隨手把檔案丟進資料夾就完事了。

重點標記，記住關鍵字及數字

不僅是檔案要歸類，其實內文也需要整理。**對於檔案的內文，我經常用螢光筆劃重點、標記，做眉批。**

眉批要寫些什麼呢？包括關鍵字與重要的數字。例如該次討論的結論，我就會摘取關鍵字，寫在會議紀錄的文檔中；或是在討論中提到的重要數字、統計資料，也要記下來。花這些功夫，不只是留下紀錄，也能在腦中留下印象，讓你在需要的時候，快速喚醒記憶，與部屬進行討論，或是決策。

記最後數字，腦中清除之前的數字

公司營運一定要處理許多數字，每天都有新的數字進來。無論是營收數字、庫存數字、開發客戶的數量，或是經營智慧分享要開班，也有報名人數，這些數字每天都在變動，人腦是記不完的，怎麼辦？

除了有系統地留下紀錄以外，我的習慣是，**腦中只留下「最後結果」的數字，清除之前的數字**。比方報名人數，今天增加到三十四位，我就把昨天的人數二十八位給忽略掉，只記最後的數字。於是，當部屬回報報名人數是三十二，我就會立刻發覺不對勁，要求部屬進一步了解，因為三十四這個數字已經烙印在腦中。

對於其他關於公司營運的數字管理，道理也相同，只記最後一次會議結論的數字，就可以了，記憶的負擔並不會非常沉重。

用數位呈現統計數字，管理效率佳，錯誤無所遁形

統計數字要善用數位工具來呈現。比方我們公司有ERP系統，可以顯示商業智慧（business intelligence, BI）的資料，包括統計分析圖表、儀表板，將重要的統計數字、業績成長或衰退的趨勢、庫存與毛利的變化等，清晰地呈現出來。

如果公司沒有引進ERP，還是能辦到，最簡單就是運用Excel表，採用其他工具也行。**關鍵在於定期記錄公司營運的重要數據，統計資料愈即時愈好，主管善用統計資料，管**

理效率就能提升。

而且，主管每天看營運數字變化，會自然產生連貫性，看出規則，對趨勢有一定的掌握。例如淡季、旺季的時間；每月的業績在月底十天最高，約占四〇%；每日的出貨量最高多少，最低若干。如此一來，當部屬的報告中出現一個突兀的數字，你就會馬上有感覺，追究是否寫錯了，或是公司營運發生了某些特別的變化。只要掌握趨勢，自然提升管理的效能。

同時，在決策是否要進貨，或需要預測客戶與市場的動向時，統計資料都是很好的佐證，而這種長期觀察數字的「感覺」，也會是主管為公司擬定策略的一項重要依據。

掌握數字能力是升遷關鍵

當你能記得關鍵數字，掌握統計資料，並運用它進行決策與判斷，這些能力對公司的價值是極高的。對上，向老闆報告的效率最高，讓你成為老闆心目中的第一流人才。對供應商與客戶，也可以迅速反應，碰到問題，即使沒時間翻資料或問屬下，也能說出最重要的數字，對答如流，讓對方覺得你進入狀況，更願意跟你談。

向下的管理我也提過，主管的數字邏輯清楚，會帶出數字管理能力強的團隊，最少，屬下也會重視數字，不敢蒙混。因此，掌握數字的能力可說是升遷的關鍵。

結論：掌握數字，贏得升遷契機

- 想做好數字管理，應熟悉數位工具，再對檔案進行歸類，標題命名有邏輯，善用圖像提示。對內文劃重點、做眉批，標記關鍵結論與重要數字。
- 腦中只留下「最後結果」的數字，清除之前的數字，可減輕數字管理的負擔。
- 用數位工具分析統計數字，甚至用圖表、儀表板呈現，有助於提升管理效率。
- 主管每天看營運數字變化，將看出規則，掌握趨勢，這種能力對管理與決策有極大的幫助。
- 能記得關鍵數字，掌握並運用統計資料，是升遷的關鍵。

41

有訴求，必須主動出擊追蹤才會有結果

主動出擊，才能做出成果

我們智享會要開購併班，為了招生，同仁將院士班的成員都拉進群組，等了一段時間，看他們會不會推薦一些人來報名購併班。然而，他們卻沒有什麼回應。

我與同仁檢討，歸納兩個因素，第一，也許院士們看了，一時沒有回應，後來忙就忘了，自然石沉大海。第二，若我們沒有追蹤，連他們是否看過訊息，恐怕都不曉得！

於是我請執行長個別打電話詢問三十幾位院士，他們多半回應，印象中好像有看到訊息，但沒有時間讀，你可不可以跟我詳細說明？經過執行長的說明，他們都表示願意幫忙。

最後，由於購併班的內容，本來就是許多企業家、創業者的需求，經過院士們積極推動、推薦人來報名，很快就順利開班。

啟發與迷思

以上故事的迷思在於，同仁總是假設提供完整的資料，院士們跟我們這麼熟，應該會看，事實上多半是沒有看。現實與我們的假設往往相反。

然而，當我們主動出擊，個別聯絡，請對方讀資料並提供協助，就有機會得到許多不錯的結果。

資料量大時，要假設對方不會認真看

當我們透過群組分享某個訊息，**尤其是相關資料稍微複雜的時候，要先假設對方不會認真去看**。根據我的經驗，這是大多數人的實際狀況，就算對方是已讀，甚至點開檔案或按了讚，詳細讀過的機會都很低，可能不到一成！

現代人很忙碌，如果是很有趣、娛樂性的訊息，也許會看。假如正正經經談一件事，又不是他公司的業務，對方一定不會看得很仔細。因此，**當你發出一項訴求與相關資料，最好假設對方「完全沒看」，你需要主動追蹤與說明。**

要設法利用機會占用對方時間

發到群組中的訊息，人們會習慣性地忽略，認為是其他成員應該看的，事不關己。可是當你特別聯絡某個人，那就不同，這件事就成為「他的事」。如果你的訴求確實也是他關心的，可能就會願意幫忙。

假如時間與人力不容許你一一聯絡，至少也要找出群組中的意見領袖，幫你登高一呼；或是找出幾位關鍵成員，例如比較熱心、跟你的訴求比較相關者，個別聯繫，表示你需要他們的幫忙。**聯繫要善用工具、創造機會，例如出席同一場活動時，請對方撥出一點時間談；主動發私人的Line、打電話，甚至約見面特別請託，都是好方法。**

等待是被動，通常沒結果，主動出擊才是正道

有些人會使用待辦清單（to-do list）來管理工作，完成一件事就劃掉，這是好事，但有時會陷入迷思。比方發出了聯絡信件，或在群組發出訊息後，就把工作項目從待辦事項清單劃掉，不再理會，等對方來回覆你。

這是不正確的，因為等待太被動了，不會有結果。待辦清單是幫助你管理「下一步工作」，**從發出訊息、主動出擊、追蹤、說明，直到確認對方接受你的訴求，每一步都要列在待辦清單上，才能使命必達。**

別人不一定關心你的議題

當你提出一項訴求，聯絡一項事務，設身處地的思維很重要。由於你關心手上的事，資料也是你擬定的，你從頭到尾參與其中，非常熟悉，也深深了解它的重要性。

但是接收你訴求的人，可能並不關心這件事。即使還算關心，因為對來龍去脈不清楚，可能有許多疑問、看不懂，而這又不是他的工作，不太可能特地花時間來問你，就丟在一

旁，等他有空再說。

因為你跟對方關係不錯，就假設對方一定關心你的訴求，通常會失望。因此在內心要有基本假設，**別人對你的事不見得感興趣，要請他協助，必須經過一段說明甚至說服的過程，這是常態。**

檔案沒有摘要，不會有效果，內文要註記

當你發出一項訴求，有許多說明資料，甚至好幾個附件時，要特別留意。對方很可能沒空看這麼多內容，開啟一個個檔案更嫌麻煩，也許就擺著不會回覆。

如果想讓對方回應，在訊息或信件的開頭，要附上摘要：本文重點為何？跟對方的關係是什麼？帶來哪些效益？讓對方迅速掌握重點，引起他的興趣，對方就可能直接回覆。只要引發了興趣，當他需要詳細參閱附件才能判斷時，也會自行打開。此外，**附件的內文也要註記重點，當對方打開，一目了然，更容易接受你的訴求。**

相反地，信件中完全沒有說明，只留下一句「如附件」（as attached file），效果最差，對方根本不會打開。如果對方是你的上司，說不定對你的印象還會扣分。

如果你的屬下像這樣寫信給你，我建議你退回，請他寫清楚來龍去脈，為何要請示？要裁決什麼事？附件檔案的重點是什麼？這也是對他的重要訓練。

活動以接龍方式邀約，容易讓人跟進

無論舉辦任何活動，當我們在群組中單純發出訊息告知，問大家願不願意參加？回答通常零零落落。

此時可善用接龍方式，主動跟幾位重量級、具代表性的參與者先講好，請他們先表態參加，而且替他們列出便利的表格或貼文，由他們擔任一號、二號、三號、四號報名者，依序填上姓名，群組中的其他人就會很樂意跟進。

主動出擊，最少也可增加互動機會

最後是個人的心理建設，有時主動出擊碰了幾個釘子，就會心生抗拒，或是找藉口說：這樣做沒有用。**不妨做好心理建設，主動出擊最少可以增加互動機會，就算這個案子對方沒**

有埋單，你跟他還是建立了基本的關係，也許下一個案子他會感興趣。

建議降低期望值，主動聯絡十人，有兩人接受就滿意。其他八人就當作打聲招呼，熟悉一下，也許未來還用得上。

結論：主動出擊有方法

- 當你發出一項訴求與資料，最好假設對方「完全沒看」，你需要主動聯繫與說明。
- 聯繫要善用工具、創造機會，例如出席活動、發私人的Line、打電話，甚至約見面特別請託。
- 從發出訊息、主動出擊、追蹤、說明，直到確認對方接受你的訴求，每一步都要列在待辦清單上，才能使命必達。
- 訊息開頭要附上摘要，內文要註記，讓對方迅速掌握重點，引起他的興趣。
- 辦活動善用接龍邀約法，先邀請重量級、具代表性的人參加，強化報名動機。
- 降低期望值，主動出擊就算不成功，最少可以增加互動機會。

42 集思廣益，多方請教，讓自己成專家

集思廣益，三度修正，讓影音更專業

二〇二〇年我又出了職場贏家系列的兩本書，《管理者每天精進一％的決策躍升思維：精準決策、帶領團隊、強化績效的四十個管理藝術》《工作者每天精進一％的持續成長思維：自我修練、技能翻轉、掌握贏面的四十個職場眉角》。為了順應時代潮流，擴大影響力，正將內容製作成影片與音頻版本，讓沒時間看書的人也有機會吸收。

剛開始沒經驗，只想到跟ＩＣ之音合作錄製音頻，連影片也沒考慮到。後來碰到一個朋友，剛好他把過去教學的內容製作成影片，請我給他一點意見；我看他錄得不錯，問他是怎麼做的，他就把影片製作團隊介紹給我。

經過與團隊溝通，又多方參考外界的影片後，我決定把兩本書的內容直接製作成影片版本，同步可以將音頻一併完成，可能也是首創的錄製模式。經過一、兩個月的嘗試，我發現匯出音頻的品質夠好，沒問題，但教學影片的效果不是很好。

原來教學影片注重視覺效果，只是拍攝我講話加上字幕，是不夠的，必須多加幾張投影片，加深觀眾的印象。另外，我前幾次試錄的影片，背景太複雜，後面的書架放了許多書，感覺較亂。

於是我請教另一位顧問，他分享幫某間銀行做的教學影片，我覺得背景單純，字幕清楚，效果更好。每次試錄後就傳給幾位熱心的朋友，請他們提供意見，他們是數位教學的專家、節目製作人，或者是我的粉絲，其建議都很有參考價值。前前後後，共經過七、八位朋友的建言，並和攝影團隊反覆溝通、試錄，才決定採用單純的背景，雙機拍攝，以字幕配合重點字卡，加上PPT投影片，將所有建議的優點整合起來，成為最終的版本。

最後我轉給一些朋友看，大家都覺得，跟剛開始的影片相比，教學效果的提升非常明顯。

啟發與迷思

以上故事的啟發，首先是面對一項新事物，要積極請教專家，吸收他人的經驗。另外就是精益求精，只要時間允許，不需要被原本的想法綁住，不妨大膽修正，追求最佳的效果。

放下身段，不恥下問，術業有專攻

面對一項新事物，雖然公司引進新的專業團隊或聘請新同仁，老闆或資深主管卻往往堅持己見，因為過去的經驗或成功案例，讓他覺得套用同樣的做法就好。殊不知時代在改變，工具在進步，當公司要製作影音或邁向數位轉型等等，引進的往往是另一個領域的新技術，老闆或資深主管可能完全是外行。

這時候，**資深者必須尊重專業團隊或較專業的新進同仁，認清術業有專攻，不要堅持己見**。當然你還是可以把意見提出來，供團隊參考，跟專家討論看看是否行得通，然而面對自己陌生的領域，還是要謹記放下身段，不要過度堅持，以免成品變得四不像，有失專業水準。

不閉門造車，多請教有助益

還有一種狀況，某些公司面對新的變局與發展，非但沒有引進專業團隊，也不去請教有經驗的專家，只靠自己的研發團隊想破頭，不知道外界發展已經走了很遠。其實，若是引進外部技術，根本不必走那麼久的冤枉路。

以最近很紅的影音直播為例子，有時候，講師套用虛擬背景出了問題，此時如果堅持要自己研究，可能從器材設備、頻寬大小、軟體設定等方面，花了許多時間摸索，問題都解決不了。但若請教專家，說不定在身後裝個綠幕，就會大大改善。

可見，**請教專家建議來解決問題，效率往往才是最高的。**

持開放心態，不堅持己見；外行事，少開尊口

我常建議資深者、當主管的人，要抱持開放的心態。不只是對於自己陌生的領域如此，**即使是自己的專業領域，你也不見得凡事都懂，或是每一項新的進步你都能掌握，聽聽別人的意見，不要太堅持，往往會給你意外的收穫。**

當公司請來專家顧問，無論是在技術方面、管理方面給建議，或做教育訓練，假如主管總是發表太多意見或堅持己見，多半都沒有效果。其實主管再專業，也只能看到事情的一個角度，外部專家或其他人的意見仍然值得參考。**建議主管對自己外行的事，最好少開尊口。**

還有一種情形，身為主管，請外部專家顧問的目的不是為了聽取意見，而是預設立場，企圖藉由外部顧問替自己的主張背書。**若是採取「封閉」的態度，而非開放客觀地聽取建言，即使請來專家也是聊備一格，**起不了什麼作用。

請教聆聽，吸收討論，融合修正三部曲，集智成專家

向外部專家、顧問或朋友請益，首重聆聽，先不急著發表自己的意見，而是多聽多看。有時候問一位不能徹底了解，還要多問幾位。

為什麼？可以分成三階段來分析。第一階段，剛開始請教的時候，你是外行、很陌生，即使專家對你說明了，你也只是略知一二，這時候要以「請教聆聽」為主。

第二階段，當你已經請教了一位、兩位，吸收經驗，漸漸累積了一點基礎知識，就能跟對方初步討論，進入「吸收討論」的時期。

第三階段，等到你請教第三、第四位專家，應用前面學到的東西，問的問題自然不同，理解能力也會提升，甚至可以「融合修正」，**就是融合各家之長，修正出最適合自己的方案**。就像武俠小說中，老和尚將少林、崑崙、峨嵋各家各派的武功融會貫通，成為獨樹一格的大內高手，你集結了眾人智慧，也可以達到專家水準，甚至做出其他專家未曾做過的新成品。

請教比自己想來得快，快速吸收別人經驗

對於一項陌生的事物，如果想要快速了解，請教他人絕對比自己摸索、找答案來得更快。自己翻書、找資料、理解，往往要花很長的時間。相對地，旁人可能已經在相關領域努力了好幾年，自然可以比你更快抓到要訣。

此外，相對於在書籍中找答案，由於專家已經有豐富的經驗，可能更懂得利用簡單的比喻，或你聽得懂的表達方式，將專業的知識表述出來，讓你理解。此外，**對於一項新的技術，你可能只需要知道其中幾項關鍵重點，就能應用到你的工作中，專家也能很快地幫你整理出來**。並不需要花很多時間，把整本書看完，或對技術發展的來龍去脈做很深入的了解。

偷技術犯法，但被請教的人卻很高興

在商業上，竊取他人的技術是犯法的。然而，當你有個問題，你以尊重的態度請教對方，把他當成專家，對方卻可能很高興，樂於教你如何解決問題。

當然某些機密是不能外洩的，或需要付費才能取得，這都有可能。但除此之外，不需要畫地自限，你可以**謙虛地表示自己不懂，向別人請教，把對方當成老師或教練，讓對方感覺備受肯定，也許他就願意教你**。

結論：調整心態，向專家請益

- 老闆或資深主管應尊重專業團隊，認清術業有專攻，不要堅持己見。
- 請教專家建議來解決問題，效率往往是最高的。
- 即使是你的專業領域，你也不見得凡事都懂，建議聽聽別人意見，從不同角度思考。
- 面對陌生領域，請教聆聽，吸收討論，再融合修正，你也可能成為專家。
- 對於新技術，可能只要知道幾項重點，就能應用，專家可快速幫你整理出來。
- 謙虛地表示自己不懂，把別人當成老師來請教，其實對方是很高興的。

43 懂得做事的方法，善用工具，提升效率

董事長怎麼動作這麼快？

我手下的幹部常常會覺得很好奇，說我動作非常快。他們認為我很忙，開完一場會議之後，該給他們的下一步指示或相關資料，應該要等幾天才會到，但我往往很快就給了他們。他們也隨之上緊發條，趕快進行後續的工作。

我跟朋友之間也一樣，聚餐或活動中遇到，交換了一些意見，稍晚我就把相關的檔案、資料傳給了他們，可能吃完飯、活動結束，我就直接傳了。有時甚至活動還沒結束，我就抽空先傳。朋友都很驚訝，喜出望外。

在外面開課分享時，某些學生提出需要我的檔案，只要是可以提供的，我也是迅速處

理，往往課還沒結束，在課堂之間的下課十分鐘，幾乎都傳完了。學生都覺得很訝異，為什麼這麼快？

啟發與迷思

以上故事的啟發，首先就是要養成習慣，運用零碎時間，能做的就順手先做，不但速度會很快，也避免自己拖延，成為別人的瓶頸。

其次要懂得儲存與整理資料，善用工具，比方將檔案整理在GoodNotes、Line的Keep等雲端硬碟，再用手邊的手機或平板傳輸，就可以迅速處理完畢。

並行處理，各自進行，速度加快

很多人認為，要把手上的事項全部做完，告一段落，再交給屬下或同事進行下一步；或是對外聯絡時，一定要等所有資料整理完畢才開始聯繫。這種思維模式往往造成效率的低落。而且這種現象非常普遍，許多活動的主辦人、承辦人都會犯這種錯誤！

建議你，**善用並行處理，只要把「最關鍵」的部分先完成，先敲定，其他細節可以下一步再進行，如此一來，事情進展的速度會加快很多。**比方召開一個會議，或舉辦一場活動，需要邀請幾位最重要的人士，此時，敲定日期與時間才是重點，只要會議或活動的主旨確定，就可以先發出去問他們何時有空。至於場地、餐點、議程等細節，可以之後再確認。

相反地，如果要等到所有細節都確定再進行邀請，往往都太慢！重要人士很可能已經排了行程，無法參加！

順手交代出去，設定回覆機制，等待回應

身為主管，**許多事情可以順手完成。為什麼？因為你只做決定，設定回覆機制就好，不需要事必躬親。**比方把某事交代給屬下，其實只要五分鐘，告訴他幾月幾號要回覆你，透過哪個軟體與格式來回覆就可以了，你很輕鬆。因為交代出去，你就沒事了。當然，**要確保任務順利執行，還要加上定時檢核、雙重確認等機制，才會萬無一失。**

相反地，如果累積很多這種事沒有交代下去，你可能會忘記，也可能你每天工作很忙，要擠出一段「完整的」時間來處理這些事，根本沒有空。**最後，你就變成公司事務的瓶頸，**

許多事務的決策卡在你這邊，屬下都在等，連他們的時間也浪費掉了。

善用現代工具，數位軟體威力大

我的手機裡有好些軟體，包括名片王、備忘錄、行事曆的App，我會花一點時間摸熟怎麼用，熟悉以後，就能節省我很多時間。我也經常用Line，傳輸訊息與檔案，同時愛用GoodNotes，把PDF等檔案儲存在雲端，有系統地加以整理。

想善用工具，就要了解工具，不僅要用得熟，還要用得精，運用它的功能，幫自己提升效率。以名片王為例，大家都知道要掃名片，但多少人會用第二層的功能？會用它記錄自己跟名片上那個人的對話？如果會用，未來要抓出討論紀錄就會很快。

雲端備忘錄也一樣，想到點子就放進去，必要時只要按個分享，就能用Line或電子郵件傳給別人，效率很高。善用行事曆，也要活用到第二層，許多人在行事曆只記錄日期、時間、行程，非常可惜，我卻會把相關的討論事項也記錄進去，討論前快速檢視一下，就能迅速掌握。跟我討論的同仁常常訝異於我怎麼記得許多細節？其實我只是在開會前打開平板，讀過這些紀錄而已。

避免忘記，隨時儲存，不要累積

為了避免忘記，甚至檔案遺失，要養成隨時儲存的習慣。一個好例子就是Line，群組裡的檔案過幾天就會消失，因此它提供Keep功能，是儲存檔案的好幫手。建議你，只要看到值得儲存的資料，一定要順手按Keep，將它儲存起來。

除了儲存，也要順手在雲端整理。我自己常用GoodNotes，將網路上收到的、搜尋到的資料，或是我準備課程的資料等等，剛收到或剛完成的時候，就花一點時間，利用手機或平板將它分類儲存在雲端，未來要找就很快。**如果不整理，愈積愈多，等到真的需要找的時候，反而會浪費更多時間，甚至會找不到。**

大小事都不要等，要順手完成

剛才提到儲存、整理資料要順手完成，不僅效率比較高，也可以幫助與你合作的人加快腳步。不要等很久以後才處理，你自己可能都忘記了當時的細節，反而浪費更多時間去回想。

其實很多事情都是一樣的，比方你是主管，會議後要做個決策，或是收到一封信要做個決定，其實屬下在等你，但**你沒有順手完成，拖久了就容易忘記，反而延宕了許多時間。**

結論：改變工作習慣，活用工具，效率大大提高

- 善用並行處理，只要把「最關鍵」的部分先完成，先敲定，其他細節可以下一步再進行。
- 身為主管，許多事只要做決定，交代下去，設定回覆機制就好，不需要事必躬親。
- 交代事情以後，可善用定時檢核、雙重確認等機制，讓任務萬無一失。
- 要提高效率，應善用數位工具，用得熟還要用得精，熟悉各種功能。
- 為了避免忘記，甚至檔案遺失，要養成隨時儲存、隨時整理的習慣。
- 事情沒有順手完成，拖久了就容易忘記，反而延宕了許多時間。順手做完，你最輕鬆！

44 有講有機會，爭取發言才會成功，愈高層愈親切

真誠相待，跨越身分地位藩籬

我有個朋友，認識一位官階很高的將軍，他們是球友，有時也會邀我一起打球，或是到將軍家中去作客。那位朋友並非將官，也不是什麼大老闆，但我看他跟將軍打球，總是嘻嘻哈哈；在家中聚會打牌，照樣跟將軍扮鬼臉，幫他做肩頸按摩，相處起來很自然。

我不禁覺得，人家是三星上將，軍中的高級將領見了他都要立正站好，這老兄怎麼一點也不緊張，或是特別尊重一點？是不是他的膽子特別大？還是有什麼特殊關係？於是我問他是怎麼跟這位將軍認識的。

他說也沒什麼，就是有一次去高爾夫球場打球，剛好他自己一個人，將軍也是一個人，

沒有球伴，兩個人一起打球聊得很愉快，從此就成為朋友，一起吃飯打牌。完全出乎我意料之外！原以為將軍高高在上，其實熟了以後，他也是人，並非高不可攀。我這朋友跟他愈親近，他就愈顯得親切。

同樣地，友尚過去有個業務高階主管，後來轉到其他行業，做得很不錯。他住在苗栗鄉下，要走一條窄窄的產業道路，才能抵達他家的三合院。他常在三合院的曬穀場辦桌，自己殺雞、摘田裡的菜煮給我們吃，沒有什麼鮑魚、魚翅，卻更顯得質樸可愛。

其實他從前做業務就是如此，就算去見大老闆或企業高階主管，也是拎著自家養的雞、新鮮的雞蛋當作伴手禮。如此不做作、不自卑，反而很自然，台北的大老闆多半樂意和他往來。

甚至他請我去幫苗栗的中小企業上課，就在鄉下請客辦桌的棚子裡舉行，架一台電視讓我播投影片，給我麥克風，老闆們就坐在小板凳上課，我也很自在。因為他不講究排場，做事反而更實際。雖然我是大企業的董事長，會因此而排斥他嗎？老實跟你說，一點也不會。

啟發與迷思

大家經常有個迷思，跟高階人士相處，一定要擺出排場，上大飯店，弄得金碧輝煌，送禮一定要送名牌。

其實未必見得，這些外在的東西，高階人士或許早就看多了，不見得在意。有一份真誠的心，反而可能會打動他們。

愈高階愈親切，愈高層愈孤單，不是高不可攀

一般來講，面對愈高階的人士，我們愈覺得高不可攀，就算跟他交換了Line或名片，真要發訊息或寫信給對方，都會覺得膽怯，「預設」對方一定不會理我們。其實不一定，**愈高層的人可能愈親切，待人接物很周到，因為這就是他們成功的理由之一**。

高階人士在企業或許呼風喚雨，高高在上，但在日常生活中，爬山吃飯喝酒，由於避嫌的緣故，或因為私生活不好讓屬下介入，可能更不便找公司的屬下同行。結果，他們反而朋友不多，相對是孤單的，並不是高不可攀。

對高階人士而言，請吃路邊攤、家鄉的粗茶淡飯，或送蔬菜、土雞蛋這些看似不起眼的伴手禮，甚至請他們到鄉下幫幫忙、做做公益，你都可以大膽開口。就像我朋友請我在鄉下棚子裡開講，幫中小企業的老闆上管理課，我也覺得這件事很有意義，對台灣的幫助其實不輸給在大飯店辦論壇。

有講有機會，降低期望值就敢講

當你了解高階人士也可以很親切，也會孤單，你就比較不會害怕，也不會預設他們會拒絕你，不敢跟他們聯絡或請教。無論對方是客戶公司的老闆、知名人士、高階官員等，都不必有心理障礙，覺得自己要刻意表現、刻意做些什麼，或送高級禮品。其實刻意為之，效果也不見得好。

面對重要人士，不妨平常心看待，想跟他們請教，不必畏首畏尾。一個好辦法是降低期望值，甚至比一般的期望值壓得更低一點，對方是大老闆本來就很忙，聯絡十位有一位回覆你，那就賺到了！存著這種心態，你就敢講、敢聯絡，反正不花太多時間，就算統統沒回，你也沒有多少損失。**有講就有機會，沒講的話機會就是零。**

勇敢說出來，不要擔心問題好不好，不會少一塊肉

還有一種情況，無論在論壇或課程中，常發現人們不敢問問題，事後才後悔。每當我遇到有這種感慨的朋友，都會問他們，為什麼當初不問呢？經常是因為他們覺得自己外行、程度不夠，擔心問了笨問題，有點丟臉。

其實把他們的疑問攤開來，這些問題並不如他們想像中「笨」。因為會來上課、參加論壇的人，都是來學習的，並不是專家，你想問的，往往也是許多人內心的疑問，只是這些人也不好意思問而已。

把問題勇敢說出來，不會少一塊肉。即使講得不對，反正是台上的講者要說明，不懂就要問，提問的人並沒有錯。因此不要擔心問題好或不好，大膽問吧！

如果真的擔心丟臉，不妨加一句，「我可能問了一個笨問題，請不要見怪」，如此自我解嘲，人家更不會笑你笨了。有時候，反而會提醒了講者，從更基本的概念講起，幫助聽眾了解。

羞於表達，機會失去不再回來，爭取發言才會成功

跟客戶或老闆開會，也可能因為羞於表達或膽怯，而喪失了機會。往往有一個意見想說，臨陣縮了回去，等到會議結束，到了洗手間、上了車，甚至坐上飛機之後，才捶胸頓足，「搥心肝」地懊悔，剛才為什麼不講？

如果這次沒有講，下次要碰到老闆又不知是何年何月，甚至再也沒有機會碰到同一位客戶！就算有機會再碰到，也未必會有合適的場合，讓你表達當時想講的話。還有一種可能是錯過了時機，即使日後再提出，也沒有用了！

建議你，**機會不會再來，該講就要趕快講，爭取發言才會成功**。

平常心看待，把客戶及老闆當朋友

要克服不敢講、臨陣脫逃的心理壓力，「平常心」是很重要的。如何讓自己有平常心呢？建議你，打破對方是客戶、是老闆，高高在上的心理藩籬，該有的禮貌固然要有，但同時也可以把對方當朋友，真誠相待。

根據我的觀察，在高階人士的身旁，往往會有一群朋友，既不是高階主管，也不是很有成就的社會賢達，就是平常你我能看到的一般人。為什麼？因為高階人士有時也會孤單，需要像一般人一樣和人互動。他們也有日常生活，不可能一天到晚擺出地位分明的架子。因此，我認為**高階人士並非高不可攀，抱持平常心，跨越身分地位藩籬，真誠地與他們當朋友，是可能的。**

結論：做好心理建設，勇敢問，勇敢說，機會就是你的

- 愈高層的人可能愈親切，待人接物很周到，因為這就是他們成功的理由之一。
- 當你了解高階人士也可以很親切，也可能會孤單，你就敢聯絡或請教。
- 有講有機會，沒講的話機會就是零。不懂就要問，勇敢說出來，不會少一塊肉。
- 有時候，跟重要人士會面的機會不會再來，該講就要趕快講，才會成功。
- 高階人士並非高不可攀，抱持平常心，真誠地與他們當朋友，是可能的。

45 不懂得共通的語言，話不投機不對焦，處處碰壁

話不投機半句多，遇見知音聊不停

我曾經遇到一位應徵者，事前看他資歷不錯，特別留了兩個小時跟他談。但他卻高談闊論，沒有傾聽別人聲音，只顧講自己的豐功偉績。我認真問他一些問題，他又顯得不太了解我們公司，只有輕描淡寫，無法帶出共通話題。而且這位老兄還喜歡大談政治話題，我完全不感興趣，聊不下去，最後不到半個小時面談就結束了。面試結果可想而知。

跟前者截然不同的案例，是一位應徵者，本來我跟他只約了半小時左右面談，談了四十幾分鐘後，印象不壞，我就問他還有沒有什麼問題想問。沒想到他問得相當深入，很好奇我公司經營得如此成功，組織架構如何安排，管理方法是什麼？甚至跟我聊到公司文化的建立

等議題。

因為他問了不錯的開放式問題，讓我暢所欲言，而且跟我說的是同行的術語，談的也是行業內共通的話題、共同困境與管理盲點，我們就談得十分投機。最後我甚至挪開其他行程，跟他談了足足兩小時，還一起去吃飯，當然這位應徵者順利獲得了錄用。

啟發與迷思

上述故事的前半段，人們常見的迷思是，只關心自己感興趣的話題，以為別人也會感興趣；不肯傾聽別人的聲音，更沒有從聽眾想聽什麼的角度思考。

故事後半段則給我們正面的啟發，無論對象是個人或企業，要跟對方聊得來，一定要先了解對方。用對術語，找到共通話題，就可能成為對方的知音，愈談愈投機。

聊別人想聽的，見人說人話，見鬼說鬼話的要領

這個要領，並不是教你欺騙，而是尋找跟別人的共通語言。**意思是碰到不同的人，你不**

但了解他的嗜好、興趣、性格、會談的目的，還要把這些知識運用到談話中。比方對眼前的人，哪個話題可以談，哪壺不開就不要開。更進一步，對不同的人可以開不同的話題，針對他們最感興趣的部分去延伸。

以新創公司爭取投資為例，提案時要留意，大多數老闆想聽的都是技術能否變現？拜訪客戶也一樣，只要聊對方想聽的，對技術人員談技術，對業務人員談業務，對研發人員談研發，**向合適的對象談正確的主題，就能無往不利**。

比方最常遇到的商業會談，大家最關心的還是獲利與商業模式，應該優先說明。除非對方是技術出身，否則技術細節通常是次要的，你可以放到第二階段，由專業研發人員來詳談。

了解對方公司或個人興趣專長，話題不對，話不投機半句多

以應徵工作為例，要事先了解對方的公司，否則，當面試官問你有何問題想問，你提出的問題一定很淺，聊不下去。相反地，若你深入了解公司的產品、特色、文化，就有機會讓對方印象深刻，願意跟你多談。

跟客戶面談也是一樣的，對於你拜會的對象，**至少應該了解他的部門、職位、職權範圍，乃至他的個人興趣或專長，才容易開啟話題**。例如稱許對方的專業，往往可以打開話匣子。過去要做到這件事很困難，可能要相當多的人脈與情報，才能辦到，但在網路時代，每個人或多或少都在網路上留下足跡，甚至公開行銷自己，這件事就變得容易許多。

如果你對客戶的個人興趣不了解，可能話不投機半句多。往往一開頭就選錯話題，對方沒興趣談下去，草草了事，自然達不到你想達成的目標。

事前準備多元的對談資料，隨機應變，切換主題

面談或拜會前要沙盤推演，思考一下，對方可能問你哪些問題，你如何回答？或你問的問題對方可能如何回應，甚至反問？你要如何因應？

你可能要準備兩到三套備案，如果你問的問題，他不感興趣，接下來要切換到哪個話題？都要事先準備。否則臨場一緊張，一定會冷場。所謂備案，可能包括因應對方個性、個人嗜好、政治立場、家庭狀況、工作上的核決權限等設定的話題，都可能幫助商業會談的進行。

對方的反應，跟他個人當天的狀況有關，可能有許多變化，所以我們常說要隨機應變。可是，在毫無準備的情況下，隨機應變是很困難的，即使經驗豐富的老手，也未必能辦到。所以對我來說，**隨機應變是以「多元的對談腳本」為基礎，事前準備許多不同的對談資料，預先模擬，才能隨時切換，游刃有餘。**

忘了聆聽的重要，打斷別人話題是大忌

還有一個重點，別人發表意見或提問，一定要聽完！要是你太過自信，聽面試官或客戶講到一半，就說：「我知道了！」自顧自談起自己的意見，很容易出錯。因為對方根本沒有講完，他最後要說、要問的，或許跟你一開始的猜測大相逕庭。

聆聽一定要有耐心，往往你覺得對方講了很久，一個問題或見解聽了三分之二，很想打斷，但對方說不定到了最後三分之一，才會話鋒一轉，說出他的用意。若你不能耐心聽完，就無法掌握對方真正的意圖。

有時候，當你打斷對方，對方也不會解釋。即使你猜錯了，完全搞錯方向，他也不見得會告訴你，只是默默在心裡扣分。甚至你猜對了，因為對方沒講完你就插嘴，也可能會留下

惡劣印象。因此，打斷別人話題是大忌。

誤觸禁忌話題，察言觀色，不要窮追猛打

當你提出問題，或開啟某個話題，不要只是聽對方回答，要懂得隨時察言觀色。**有時客戶面有難色，回答猶豫，或顧左右而言他，繞開話題，都是危險信號，表示你可能誤觸了禁忌話題。**

當你發現碰到禁忌話題，就要馬上停止，趕緊閃開，不要窮追猛打。有些人遲鈍到一個地步，或是過於堅持己見，即使對方已經明顯表示不愉快或不想談，還要打破砂鍋問到底，最後一定是不歡而散。

沒注意共通語言，只有局部人對談，未顧及全場

另外一個常見的錯誤，是沒注意共通語言，只跟局部的人談，比如參加聚會，卻跟愛酒人士大談紅酒，或跟政治上支持同黨的人相談甚歡，把其他人晾在一旁。這就是被自己的興

趣左右，未顧及全場，造成尷尬。

其實，這時候應該根據場合切換話題，比方大家來參加電子業的相關聚會，就回到跟行**業相關的主題上，每個人都有共通語言，自然聊得起來。**

適時穿插笑話或幽默一下，當共通語言，營造輕鬆氛圍

有時候，適時穿插笑話或幽默一下，也是很多場合的共通語言。畢竟一直談公事，可能氣氛沉重或太嚴肅，也不利於談話的進行。笑話或幽默，是很好的潤滑劑。

當然，幽默也要看時機，比方在正式會議流程中，也許不適合，但到了休息時間，私下吃飯談話，卻可以用笑話營造好氣氛。因此，**隨時在口袋中準備一些無傷大雅的笑話，或偶而發揮創意自嘲一下，是不錯的方法**。當然，嘲弄或歧視別人的笑話，則不宜採用。

至少要說得一口好球，說一口好酒，說一口好茶

在較為輕鬆的場合，面對客戶個人興趣的話題，你可能碰到喜歡各種不同嗜好的人，有

人愛打球，有人愛品酒，有人愛品茶或咖啡。這時候，如果你真的會打球、懂酒、懂茶，固然很好，但實務上，你不可能樣樣精通。

因此，**對於商界人士常見的一些興趣，你最少要閱讀一些資料，讓自己具備相關的常識**。於是，當人家談到茶，你能夠參與；別人請你喝昂貴的紅酒，你可以從品牌、口感揣摩一下，說出幾句評價，而不是光講好喝就沒詞了；或是談起高爾夫球，你就算不會打，好歹看過電視轉播，知道規則與一些世界級高手等等。

至少讓自己有參與談話的能力，這就是說得一口好球、好酒、好茶的意義。

結論：找尋共通語言，開啟話題，無往不利

- 掌握見人說人話，見鬼說鬼話的要領，向合適的對象談正確的主題，就能無往不利。
- 與人面談、拜會客戶之前，應儘量了解對方個性、個人嗜好、政治立場、家庭狀況、會談目的、工作上的核決權限等。
- 隨機應變是以「多元的對談腳本」為基礎，預先模擬，才能隨時切換。
- 別人發表意見或提問，一定要聽完，不要打斷。

- 有時對方面有難色，或繞開話題，都是危險信號，表示你可能誤觸了禁忌。請趕緊閃開，千萬不要窮追猛打。
- 隨時在口袋中準備一些無傷大雅的笑話，或偶而發揮創意自嘲一下，可以讓氣氛輕鬆，幫助會談成功。

46 聽弦外之音，觀察肢體語言，揣摩背後意義

弦外之音的幾個小故事

回鄉下探視親友，通常會買很好的伴手禮，像是很有名的蛋糕、點心、糖果等，沒想到親友卻說：「哎呀，這東西太甜了，我們不吃。」他們當著我的面這樣講，一開始我有點失望，也覺得錯愕。

沒想到後來聽其他親友轉述，我離開後隔天，他們竟然很高興地拿著我的禮物，跟隔壁的親友炫耀：「這可是台北來的高級點心，還有米其林認證哩！」我這才想起來，其實他們接到我的禮物時，嘴上說不要，眼神是很熱切的，我當時居然沒有發現！

還有個弦外之音的例子，我面試一位應徵者，一上來他就說，他不在乎薪水，雖然前東

家給他一百五十萬的年薪，但他並不在乎，工作內容跟未來發展性對他才重要。沒想到我們聊工作內容，問他的工作經驗，談了半小時以後，他又忽然繞回來說，從前年薪一百五十萬，但是他不在乎云云。如此這般，在一次會談中，可能說了三次，我就明白了他話中有話，其實他很在乎薪水，假如年薪不如以前的水準，他是不會來的。

最後談到我請姑姑吃飯的故事。有一次我邀她，她一個勁兒地推辭，說她吃得飽飽的，不必請她。我卻注意到她的尾音不太對，後來才搞懂，原來是我弄錯了順序，先邀請了其他輩分比她小的親戚，沒有先邀請姑姑；她從姑丈那裡聽說有這場飯局，後來才接到我的邀約電話，心裡當然不是滋味。

但是姑姑真的不想來嗎？也未必。她只是需要我照顧一下她的感受，或許我表示盛情邀約，甚至開車去接她，說沒有她這場飯局就沒意思，她覺得自己備受尊重，就會釋懷，願意跟我們聚餐了！

啟發與迷思

面對弦外之音，從字面上解讀，往往會陷入迷思。在鄉下這種反應很典型，往往內心高興，不會表現出來，所以光聽別人講話是不準的，要看眼神。

有時候別人講的話跟內心想法不一樣，除了從對方的表情和眼神揣摩，也要傾聽對方有哪些話、哪些字眼重複出現，可能就代表背後的意圖。

即使對方說不要，或是推辭，你仍然應該多花點心思想一下，甚至仔細聽對方的語氣和尾音，判斷他是真的不要，還是需要你表達更多的誠意。

肢體語言是最真實的內心反應

拜會客戶、談判，或跟家人相處，道理都相通。有時候光聽別人說的話，是不夠的。**想聽出對方是否話中有話，往往要留意他的嘴角、眼神、手勢，甚至頭部擺動的方式，因為比起說出來的話語，肢體語言更能反映出對方內心的真實狀況。**

美國心理學家艾伯特．麥拉賓（Albert Mehrabian）做過一項研究，將人類的溝通分成三大類：內容、語調和肢體與表情，當「言行不一」的時候，肢體與表情的影響力占五五％，語調占三八％，內容只占七％！所以，當我們跟別人對話的時候，一定要留意對方的眼神與動作，才能判斷對方是否言不由衷。

話中有話，聽弦外之音，揣摩其背後意義

除了肢體與表情，其次是語調。現代人經常用電話溝通，懂得聆聽語調的抑揚頓挫，及尾音代表的情緒，重要性相當高。像我邀請姑姑吃飯那次，就是從語調的尾音發現她不太高興，然後加倍表現邀約的熱忱，親自接送，才化解了她的不悅。

心理學的研究告訴我們，如果對方「言行不一」，語調所代表的意義，比說話內容還重要。因此在電話中，一定要仔細傾聽對方的語調，而不只是聽他說了什麼。掌握語調，就可能聽出對方的弦外之音，揣摩出他背後的意思。

重複講了多少次，表示其關心程度

當然，從談話的內容本身，也可以找出弦外之音。如果對方對某件事再三重覆，比方應徵者再三強調他「不在乎」薪水，客戶一直說他「不在乎」價格，雖然話是這麼說，你還是要有所警覺，最好從其他線索來判斷，對方是真的不在乎？還是其實很在乎，只是為了面子故作大方？

一般而言，人在說話的時候，對某件事重複的次數愈多，代表他愈關心。這個原則也可以用在聆聽演講，演講者多次提及的關鍵詞，就是重點所在。這是說話的習慣，很難避免，往往無形中就會顯露出來。

鄉下人的心理，靦腆的心態

鄉下人質樸可愛，但因為他們靦腆，有時候也會言不由衷。很典型的反應就是收到禮物，或你為他們做了某件事，他們很想說謝謝，當著你的面卻不好意思開口。有時候，甚至會表示出相反的意思來，跟你說「不需要啦」、「浪費錢啦」之類的話。

都市人或洋派的作風，收到禮物可能馬上就打開，稱讚有多棒。這種情形在華人文化中，尤其是鄉間地區，是很少看到的。鄉下親友收到禮物，也許心裡很高興，卻不會馬上打開，搞不好隨手放到牆角。等你離開以後他們才會打開，放到桌子的正中央，逢人就說這是某某人送的高級禮品，有些人還會拿著禮物，到處跟親戚朋友展示炫耀。

我們必須了解鄉下親友的習慣，不要因為他們拒絕你，或「表面上」看來不喜歡你的禮物，以後就不送，那就錯了！其實他們內心是很高興的。

從衣服顏色式樣看個性是開朗或嚴肅，決定話題內容

還有一個技巧，我們可以從對方穿衣的顏色，判斷他的個性。一般而言，穿著亮色系的人比較活潑開朗，暗色系比較嚴肅。

衣服式樣也是判斷標準。客戶在職場穿牛仔褲，可能表示他個人的性格輕鬆活潑，甚至整家公司的氛圍都是開放而自由的。如果西裝筆挺還打領帶，甚至整家公司都打一樣的領帶，可能就代表紀律嚴明、一板一眼。

判斷對方是開朗或嚴肅，客戶公司氛圍是開放或拘謹，談話的內容也要隨之調整。對於拘謹的人，玩笑就不能開得太過火。若對方不修邊幅，較為隨和，我們就可以從輕鬆的話題切入。

從回應速度、口氣，了解對方是積極或閃避

面對面對談時，可以觀察對方回應你的速度和口氣、腔調，是想很久才回應？立即反應？或是愛答不答？從中都可以了解一些弦外之音。

如果對方想很久才回答，有時真實性要打折扣，可能是他經過盤算後給的答案，或是企圖閃避問題。相對地，第一時間脫口而出的，較可能是真正的心聲。如果對方的回話都很快，有時表示他很積極，對你的提案或問題，是一種正面的回應。若是愛答不答，則很可能對方不感興趣，要考慮換個話題。

對方話講到一半，順其意引導講出另一半

有時候，對方話講到一半，你可能會感覺他講得含含糊糊。其實他不一定是含糊，而是想講某件事，但是又吞回去，這時候，可能要設法把他另外沒講的那一半引出來。

尤其是主管面對屬下，經常會有這樣的問題，屬下有意見卻不敢講。此時，**主管要旁敲側擊，順著屬下的意思詢問，例如問他說：「你是不是不同意某件事？」引導他把想法說出來。**

結論：用心聽出弦外之音，溝通無往不利

- 聆聽時，可留意對方的嘴角、眼神、手勢，還有速度、口氣、腔調，從中察覺出弦外之音。
- 如果對方「言行不一」，語調所代表的意義，比說話內容還重要。
- 人在說話的時候，對某件事重複的次數愈多，代表他愈關心。
- 鄉下人質樸可愛，但因為他們靦腆，有時候也會言不由衷。
- 從衣服顏色式樣，觀察對方個性是開朗或嚴肅，再決定話題內容。
- 對談時，可以旁敲側擊，順著對方的意思詢問，引出他沒說出口的想法。

47 好的簡報架構及合理訴求，是簡報成功的關鍵因素

簡報不用長，關鍵在架構與訴求

二〇〇〇年我的公司要上市的時候，交易所給我十一分鐘的簡報時間，當時我不以為然，因為公司當時已有二十年的歷史，要報告的事情太多了，包括公司的產品、服務、特色、財務、管理，以及未來的展望等等。十一分鐘實在太短了，但規定如此，我也沒辦法，只好靜下心來列舉想講的內容，再慢慢調整。

後來我擔任創業比賽的評審，才發現主辦單位給創業團隊的簡報時間只有六到八分鐘，比我當初更短。我也了解到為何交易所只給我十一分鐘，因為大老級的評審十分忙碌，要他們集中來出席會議，相當困難，而且當天還要審好幾個案子。不只如此，聽完簡報以後，他

們還要審慎地討論，要不要讓我們通過，或是要求補件等等，更花時間。因此，一家公司被分配到的時間，本來就不會太多。

此外，由於簡報都先提供書面版本，可能我還在講第一頁，某些評審已經翻到最後一頁。因此，給我十分鐘左右進行簡報，已經算是相當禮遇了。

另一個簡報的場合，我也遇過供應商要求我們報告營運狀況。我們的產品經理報告說，今年某產品市占率達到四〇％。這是相當優異的成績，因為以電子元件而言，一家供應商的產品能占到一五％就不錯了。

很可惜，這位經理並沒有善用這份佳績，在簡報中強調我們為了達到四〇％付出了多少代價，部署多少人力與資源，做出多少犧牲。他也沒有趁機提出要求，比如某些區域的客戶可以撥給我們，某些熱門產品線可以交給我們代理，或給我們一些獎金，來獎勵辛苦的同仁等等。因為他沒有借力使力，提出對我方有利的訴求，結果，四〇％的好成績就這麼被浪費掉了！

啟發與迷思

第一個迷思是，我們當局者迷，常覺得自己的報告有許多重點，捨不得放棄，希望簡報時間愈長愈好。其實無論時間長短，簡報架構才是關鍵。聽眾通常很忙，簡單扼要反而更好。

第二個迷思是簡報時，花太多時間說明執行過程與結果，己方最重要的訴求卻沒有提出，或因為時間不夠而草草帶過，這就是本末倒置。

簡報架構與策略，決定成敗

聽你做簡報的對象，層級有高有低，背景不同，權責範圍也不同，需要預先了解，才知道對方的需求為何？想聽的重點是什麼？依據這些資訊，決定報告涵蓋的範圍，再去蒐集必要的素材。

接著就是按照規定的時間，安排頁數與順序，這就是簡報的「架構」。例如列出八大點，要決定哪些內容先講，哪些後講，各自分配多少時間。此外，還要選擇與割捨，決定哪幾頁要捨棄，哪幾頁是主打，加以強化，這就是簡報的「策略」。

因為聽簡報的人通常沒有準備，是空著手來聽你講，所以他問的問題，多半不會脫離你的架構。你沒講的東西他通常不問，而是從你講的內容中去抓毛病，或深入探討。**你的架構常會影響對方的發問，所以簡報的架構與策略，對於成敗至關重要。**

一頁兩用：滿足對方也滿足己方

簡報時間有限，每一頁都要精心設計，要思考你放這一頁的目的是什麼。**最好能一頁兩用，既符合對方需求，也達成己方訴求。而且要提供充分的理由，說服對方埋單。**

例如前面提過，我們花了很大功大進行市場調查，透過行銷推廣，讓供應商的某產品達到四〇%的市占率，就要利用這一頁提出我方「想跟對方要些什麼」。而且還要告訴對方，我們為了達到市占率做了哪些犧牲，讓他很難不答應我們的訴求。

更進一步，還要做沙盤推演，我放了這一頁，對方可能會問什麼問題？對我有利還是不利？如果這一頁會讓人聯想到對我不利的數據，是否不要放？都要逐頁檢討。

如果某一頁是對方的重點所在，就算不放，他也一定會問，但是又有對我不利的數據，如市占率太低，怎麼辦？這時候要指出己方做了哪些努力，可是對方提供的產品規格不行、價格太硬、交期不穩定等，歸責於對方。**當你強調需要對方協助哪些事項，才能讓占有率提高，就把不利的數據化為提出訴求的機會，將對方拉到你的同一陣線，共同解決問題。**

頁數不在多，牢記Magic 7法則

聽簡報的關鍵人物，時間寶貴，耐性通常有限，只聽重點，所以簡報的頁數不宜太多。我常用Magic 7法則檢視自己的簡報，就是十五分鐘的簡報以七頁為準，正負不超過兩張，也就是每份簡報扣除封面，控制在五頁到九頁之間。

頁數太多，時間不好掌控，每一頁分配的時間過短，很容易講得倉促，草草帶過。常見有人準備了很多頁的簡報，講到某地方卻說：「啊，這一頁不重要，我們跳過」，讓人感覺突兀，跳過的動作也浪費時間。既然不重要，不如一開始就不要放。

要達到Magic 7，需要掌握濃縮簡報的技巧，把好幾張的內容精簡為一頁，但又不能變得太複雜，字又多又小，或是圖表密密麻麻，而是保持頁面清爽。

若能做到在一頁簡報當中，字不多，卻包含對方想問的許多問題，讓你可以侃侃而談，

趁機提出你的訴求，可說最為高竿。當然，頁數也會隨時間調整，如果時限六分鐘，控制在五頁最佳；但若有十五分鐘，不妨擴充到九頁，顯得你準備充分。

至於一些技術細節，要花較長時間解釋，我通常不會放在簡報中，而是另外準備附件，等對方索取才提供。

七分滿足對方需求，三分展現自己及訴求

如果無法一頁兩用，不妨進行分配，七成頁數滿足對方需求，三成強調己方的訴求。若**只有滿足對方，是浪費了簡報的良機。**

簡報呈現成果之後，最後留三〇%時間來訴求「我方要什麼」，是一個辦法；如果能夠每一張都埋入訴求，則更為高招。不過也要看狀況，有時簡報剛開始，鋪陳不夠，就不要太早亮出訴求，否則反而容易引起對方反感。

訴求要看時機場合，以及對方權限範圍

有時候，事先準備好的簡報不能照本宣科，需要臨機應變。例如你在某一頁已經埋藏了己方的訴求，但過程中發現氣氛不對，例如對方把你罵得狗血淋頭，此時就不宜提出。可以等對方需求被滿足，氛圍較佳時，再進行訴求。

提出訴求以前，要掌握對方的權限範圍。如：他是負責產品價格、財務還是工程？在對方權限範圍內提出要求才有用。相反地，對財務人員談業務的話題，如反映產品價格調降；或對業務大談技術問題，訴求產品規格要改等等，多半是對牛彈琴，不可不慎。

替對方設計容易滿足訴求的選項，才容易有結果

想要對方答應你的訴求，**有時需要替對方設計多種選項，而且達成的難度不高，才容易成功**。比方供應商給的產品毛利率太低，公司幾乎不賺錢，你希望對方多讓一％的利潤，但通常直接提出，對方不可能答應。為什麼？因為以我們公司的營業型態，淨利可能只有一％到二％。以對方的立場，會感覺一％也不小。

但是當你變通，跟對方的財務提出，付款原本以三十天為期，可否延長為四十五天？除此之外，請對方業務提供免費樣品；並跟對方協商，如果業績超出某個額度，撥出一小筆的獎金。或者跟對方工程主管訴求，派出一些工程人員協助推廣產品，人事費雙方各出一半。這時就有許多談判空間。

換句話說，你為對方設計了四、五種選項，每一項看來都不難達成。但如果對方答應了其中三項，或對方重新組合後再談條件，協商之後，我方的利益加總起來，還是接近於對方讓利一％。

結論：簡報必須善用策略

- 你簡報時的架構，常會影響對方的發問，所以簡報的架構與策略，對於成敗至關重要。
- 簡報最好能一頁兩用，既符合對方需求，也達成己方訴求；或是七成頁數滿足對方，三成提出己方訴求。而且要提供充分的理由，說服對方埋單。
- 簡報的頁數不是愈多愈好，牢記 Magic 7 法則，十五分鐘簡報以七頁為準，正負不超過兩頁。

- 面對不利數據，可提出對方的責任，請他幫你一起解決問題。視對方權限提出我方的訴求。
- 提出訴求時，對方可能不答應。我方需要替對方設計多種選項，難度不高，容易滿足，成功機會自然提高。

48 簡報要用大家聽得懂的語言，數字表達最有說服力

只顧自己講，不管聽眾懂不懂，欠缺關鍵數字

我曾經碰過好幾位創業者來向我簡報，希望爭取我們公司投資。他們有個共同的缺點，一開始就提出深奧的技術問題，不斷強調他們的技術多重要、多厲害，整場簡報三分之二都在談他們的技術。因為那些技術我並不太懂，後面聽起來就格格不入，也很難認同他們的理念。

其實我真正關心的，是技術開發出來以後，市場有多大？競爭者有誰？這項技術與競爭者是否有足夠的差異化，可以爭取到市占率？此外，客戶願意花多少錢買這項技術、服務或產品？扣除研發與生產成本後，預期獲利如何？多半是一些關鍵的「數字」。

可惜這些創業者都放錯重點，大談技術，而忽略了商業模式、市場行銷與財務面，談了半天，都沒有提出最重要的「關鍵數字」，跟我完全不對焦，話不投機，自然不可能獲得投資挹注。

啟發與迷思

簡報者常見的迷思，是只管自己想說什麼，不管聽眾想聽什麼。以引進數位轉型為例，其實，效益才是老闆關心的事。至於簡報者本身大談的技術，是企業ＩＴ人員才該關心的問題。

這個故事給我們的第一個啟發是，要先了解對方真正關心的問題為何，然後再進行簡報。第二個啟發是，許多重要的效益，都是以「數字」呈現的，例如可以省多少錢？公司的生產效率提高多少？作業流程能簡化多少？節省多少時間及成本？把這些關鍵數字舉出來，就能吸引老闆或決策者的目光。

將公司定位，以及重點訴求放在最前面

對外簡報的時候，要介紹自己的公司，說明公司的定位最重要。請先說明你的公司「為什麼」要提供某項產品或服務，要解決客戶的哪個痛點。接著，是你的公司位於供應鏈的哪個位置？是上游或下游？講清楚之後，對方就容易聽得懂。當然，**如果你事先對聽眾有些了解，所講出的痛點正好是對方感興趣的，那就更容易成功。**

公司定位講完之後，就輪到重點訴求：今天簡報的目的是什麼？是要推銷某樣產品？爭取合作或募資？要募多少錢？讓對方先掌握重點。而不是先談一大堆產品或技術細節，因為對方聽不懂，可能失去興趣，最後你反而沒機會好好說明重點的訴求。

如果你早點說明來意是募資，對方就會以「是否投資」為前提，來聽你的簡報，自然容易進入狀況。因此，你的目的要先講。

將對方當作外行，對方聽不懂通常不好意思問

有些簡報者天天在自家公司打拚，很少對外，他們對自己的產品、公司定位很清楚，卻

沒想到，別人不具備相關背景知識，對這些都不知道。而簡報者也沒有給別人機會問，或用淺白的語言幫助別人了解。

其實多數人聽你的簡報，即使聽不懂，也不好意思問。尤其是老闆級，承認聽不懂好像他很外行，通常會假裝聽懂。在此就產生溝通落差，你以為他懂了，其實他只是裝懂，根本沒有專心聽；可是如果他不懂，也不可能支持你的方案，達不到簡報的目的。

最保險的方式，是把對方當外行，將一些簡單的定義、行話、專有名詞、英文縮寫的意思，先講清楚。例如講到backlog，就帶一句解釋說，是指已經下訂單給對方，但是還在等對方交貨，目前尚未到貨的餘額。快速地把專有名詞解釋一下，就能幫助別人進入狀況。

儘量將重點及結果用數字突顯，創造最佳說服力

一張簡報中，表格密密麻麻，別人看不出重點。其實裡面一定有最關鍵的數據，例如市占率四〇%是重點，就把它放大。也可能對方用了我們公司的技術，良率可望提高二〇%，或營運成本降低一五%，就用紅色標註，把結果突顯出來。

對方最看重的一定是結果，因此要優先突顯，拿出「關鍵數字」說服對方。至於「為什

麼」可以達到這些結果？可從同一頁簡報中其他的數據說明，或你另外備有資料，但這都是第二步了。

要站在聽者立場多想，聽眾只想聽跟他們相關的

要站在聽者立場思考，他可能來自財務部、業務部，或他是老闆，關心的議題不一樣。一般而言，人都只想聽跟自己相關的內容。因此，當對方有好幾位來聽簡報，在你的九頁簡報當中，可能有幾頁是說服老闆，一頁專門解釋財務問題，兩頁向業務主管進行訴求。此時，**要藉由跟對方直接相關的那頁投影片，抓住對方的注意力**。

因此，投影片要跟說明與解釋的動作相配合。比如採用你的方案，可以提高多少獲利，或對公司發展有何幫助，碰到這兩頁的時候，就要看著老闆，或是強調說「跟老闆報告，它對獲利的幫助是……。」把老闆拉進這個議題。對其他部門訴求的時候，也是一樣。

太多技術資訊不會加分，除非聽眾是行家

技術出身的人，在進行簡報的時候，常常過於強調技術資訊。其實，除非對方是研發或設計部門，否則通常不想聽這麼多。

如何修正？只要記住一個原則，老闆想聽的是結果。比如推銷一個殺菌燈，講一大串物理原理，不同波長的紫外光影響如何，對方都不想聽。重點是它有什麼殺菌效果？會不會傷害皮膚？把「跟聽眾相關」的結果先講清楚，這才重要。如果老闆想了解技術細節，以證明你的結果確實可靠，他自然會再問，或派技術人員來跟你談。

用大家聽得懂的語言或比喻來表達

簡報的時候，要用大家聽得懂的語言溝通，數字和比喻就是共同的語言。但有時數字的絕對值未必有意義，多賣一千萬個，到底是多是少？提升一千ppm，真實效果如何？外行人未必明白。這時候可以用比例說明，比方用了我的技術，良率會提升百分之多少？大家就有概念。

表達也可以善用比喻，例如我出去演講，分享友尚或大聯大是什麼樣的行業，我就說我們像保姆，養得好，父母就繼續給我們養，養不好就換人；或是養大了，父母就帶回去自己養。供應商就像是父母，產品像是孩子，我們代理這些產品去銷售，就像在供應商與客戶之間的夾心餅乾。透過自我解嘲的比喻，別人便聽得懂我在說什麼。

文字精簡濃縮為關鍵字，文不如表，表不如圖

有些人簡報時，投影片上的字非常多，這是不好的，會讓聽眾的注意力跑到文字上去。**現場簡報用的投影片，是用來提醒內容及順序，目的不是要人看文字，是希望聽眾聽你講。**因此，畫面不能太複雜，或放許多文字，設計愈簡潔愈好。

投影片上的文字，可以濃縮為關鍵字，甚至放大突出、改變顏色與字體，讓聽眾注意，同時也提醒你自己要講述的重點是什麼。

另一個原則，**一般而言，文字不如表列，表列不如圖像**，後者比前者更容易吸引注意力。

現場用的簡報檔，跟給對方帶回去的檔可以不同

有些時候，簡報無法直接在現場對關鍵人士說明得很清楚，必須把簡報檔提供給對方的代表，讓他回去慢慢看，甚至再呈報給他的主管。這種給對方「帶回去」的簡報，因為你沒有現場說明的機會，就不能太簡潔，只有關鍵字，甚至只有孤伶伶的圖像，對方可能看不懂。

此時，**要另外準備一個簡報檔，加上文字說明或附檔，讓對方帶回去轉呈的時候，主管即使沒有聽你講，也能一目了然。**對方的代表不必幫你整理，可以直接上呈，就可以避免他回去以後，事情一忙，沒空幫你處理，最後就積壓而沒有轉呈。

結論：簡報以公司定位為先，讓對方聽懂為主

- 對外簡報的時候，要先說明公司的定位與你的重點訴求。
- 簡報時，不妨把對方當外行，將一些簡單的行話、英文縮寫的意思先講清楚。
- 對方最看重的一定是結果，因此要優先突顯，拿出「關鍵數字」說服對方。

- 要用大家聽得懂的語言溝通，數字、比例和譬喻就是共同的語言。
- 聽眾只想聽跟他們相關的，要藉由跟對方直接相關的那頁投影片，抓住對方的注意力。
- 除非特殊狀況，對方是技術的行家，否則談太多技術細節不會加分。
- 簡報投影片要精簡濃縮，文不如表，表不如圖。但是，給對方帶回去轉呈的簡報檔，卻要有詳細的文字說明或附檔。

49 簡報台灣國語也無妨，內容及自信更重要，唱歌也一樣

台灣國語得演講冠軍

我講得一口台灣國語，可是我小學、中學到當兵，經常被派去參加國語文競賽，常拿到演講比賽第一名。從前大專生要上成功嶺，我還拿到全營的演講冠軍。可是，每當我分享這段豐功偉業，太太或親友都不相信，說我這台灣國語，怎麼可能是冠軍？

我很不服氣，跟他們說，演講的時候，內容與組織條理，比發音標準更重要。許多名嘴與政要也一樣，財經專家講台灣國語無所謂，大家要聽的是他的財經分析；某位前總統也是台灣國語，還不是照樣當總統？不管聽眾贊成或反對他，他每次演講有很多人聽，總是事實。但親友們還是不相信我。

直到有一次，我太太跟我去美國出差，聽說我要跟美國廠商競爭，去進行英文簡報，她就很擔心，認為我的英文不好，發音不標準，簡報怎麼可能贏過外國人？我說我當然知道，比語言比不過人家，但比內容就不一定了，叫她不要擔心。因為我認真準備簡報架構，提出具競爭力的方案，果然搶到了生意。從此我太太才對我有點改觀，相信演講內容比口音重要。

啟發與迷思

一般人很容易有個迷思，認為自己口才不好，英文不好，面對演講或簡報非常膽怯。或是許多老闆嫌自己唱歌不好聽，連尾牙都不敢與員工同樂。

其實在許多場合，講話口音與唱歌的音準，都不是重點。人家聽你演講或簡報，看重的是內容。聽老闆唱歌，是為了跟老闆同樂，打成一片。因此要有自信，不妨大膽上場。

華麗外表是表面，內容更重要，口才只是加分

我有個朋友曾經想買一台一百吋大，價格高達一百二十八萬的超高解析度電視，後來想想沒必要，改買四萬元的，其實我看起來，影音效果也沒有差那麼多。華麗的功能只是表面，重點在於內容。比如一百多萬的電視，解析度超高，可是播放的影片沒有那麼高的解析度，還是白搭。

演講或簡報也一樣，**紮實的內容最關鍵，你所提出的方案與論據能否說服他人，才是最要緊的**。華麗頁面及口才就像超高解析度的電視，只是錦上添花，加分而已，如果內容不值得參考，或與聽眾並不相關，即使你有華麗頁面及舌燦蓮花，對方還是不會埋單。

只要簡報內容結構清楚，符合聽眾的需要，即使簡報者表達沒有那麼流利，甚至有一點點口吃，也無傷大雅。

邏輯表達、先後順序、重點呈現、時間分配，影響簡報成敗

簡報必須要有邏輯性，比方公司的定位是什麼？解決哪些痛點？你主要的訴求是什麼？

為什麼聽眾要採信你？採用你的方案對他們有哪些好處？證據在哪裡？講之前都要排好先後順序，有邏輯性，前後內容彼此相關，說服力才強。

而且簡報或演講要呈現重點，否則雖有邏輯性，卻會機械化而平淡。**應該在重點、亮點處特別強調，讓對方印象深刻，進而搭配提出訴求，達成你的簡報目的。**

再者要注意時間分配，不是每一頁平均分配，而是按照重要性來分配，例如某一頁只是建立印象，講十幾秒就過去，另一頁是主要訴求，卻要說明兩、三分鐘，都是很正常的。**同一份簡報，也可能隨著聽眾不同而改變時間分配，**例如對方財務主管在場，財務那一頁就會專門講兩分鐘；若他臨時缺席，可能把這一頁的重點結論講完就帶過，視出席者不同，改為強調另外幾頁。

邏輯表達、先後順序、重點呈現、時間分配，堪稱影響簡報成敗的四大面向！

熟練來自積極參與簡報製作及修正

如果你是主管，簡報可能不是你自己製作的，要特別小心。**假如是你要對外簡報，在簡報準備、製作、修正的過程中就要參與，讓自己對簡報內容非常熟，清楚每項資料的來源，**

以及邏輯推演的過程。

如果你沒參與，很容易「掛黑板」，意思是對方一個問題丟過來，你完全沒辦法接招，還要回頭問負責的屬下。甚至屬下不在，你就愣在當場，十分尷尬。

熟練就有自信，有自信心自然產生說服力

積極參與簡報的製作，你就會熟練，熟練就會產生自信，不怕人家問。而且人家問愈多你愈高興，因為更有機會表達，說服對方。

因此，對簡報熟練、有自信的人，會自然產生說服力。**別人看你對內容如數家珍，不用看小抄就能侃侃而談，對相關專業十分內行，就會更相信你。**

以專業知識為後盾，讓人產生信賴

對於專業議題，如果簡報者本身專業知識不足，表達時講錯了，或是輕易被問倒，都會讓聽者產生不信任。

當然，隔行如隔山，簡報者如果不是技術出身，很難具備堅強的專業技術知識。如果必須要講，可以在那一段請出技術人員來說明，以專業知識作為後盾，建立對方的信賴感。切忌不懂裝懂，勉強回答，反而弄巧成拙。

無論如何，**在你負責的那一部分，一定要非常專精，碰到其他的專門技術細節再請人代答**。例如你是業務，要加強專業知識，對行業術語、knowhow、市場新知都十分了解，才能在簡報時贏得信賴。

掌控聽眾，以立體式簡報方式拉近距離

所謂立體式簡報，第一步是在簡報設計時做好分配，根據聽眾的身分，安排某幾頁與那位聽眾相關，提高他的興趣，這是基本功。

第二步是讓這些事先準備的內容「立體化」，跟聽眾產生密切關聯。例如向供應商簡報，提到我們銷售對方某項產品，市占率達到四〇%，非常地高，我就特別提到在場的供應商台灣區經理做過哪些協助，讓我們達成目標，那位經理很有面子，就相當高興。

藉由立體化的簡報，點名，把球做給對方，可以吸引對方的注意力，使簡報的氣氛更

佳，對我方也有利。因為這樣一講，未來我們要跟台灣分公司提出哪些訴求，請那位經理協助，他就更容易答應。

即使不談這些好處，講一些跟在場聽眾有關的事情，點名誇獎一番，被點名的人笑一笑，把沉悶或昏昏欲睡的氣氛活絡起來，也是好事一樁。

唱歌畫畫自己喜歡就好，不用太在意別人眼光，審美觀點不同

我太太學畫畫，老師第一天就告訴她：「沒有一個人能評判別人的畫好或不好，妳自己喜歡就好。每個人的色彩、筆觸、表現方式都不同，自己認為漂亮就是漂亮。」同樣地，老師也不讓她去批評其他同學的畫。

每個人審美觀點不同，十分主觀，唱歌或演講也是如此，你用你自己感覺最順的方式去做即可，不用太在意別人的眼光。

結論：口才天賦是次要，熟悉內容，建立自信才是王道！

- 邏輯表達、先後順序、重點呈現、時間分配，堪稱影響簡報成敗的四大面向！
- 簡報內容結構清楚，符合聽眾的需要，即使簡報者有一點點口吃，也無傷大雅。可帶著自信上場，不必太在意別人眼光。
- 即使簡報不是你親自製作，在準備、製作、修正的過程中也要參與，讓自己非常熟悉，充滿自信。
- 積極參與，熟練內容，聽眾看你對內容如數家珍，侃侃而談，十分內行，就會更相信你。
- 簡報必須以專業為後盾，在你自己的領域一定要非常專精，碰到其他的專門技術細節，再請人代答。
- 藉由立體化的簡報，點名，把球做給對方，可以吸引對方的注意力，使簡報的氣氛更佳，對我方也有利。

50 心得轉換為行動方案三步曲，塑造學習型組織有方法

二十多年培訓盲點，一朝頓悟

我在友尚培訓同仁將近二十年，成立智享會辦培訓又有好幾年經驗，往往用心講了一、兩個鐘頭，甚至一個上午或整天，自信內容豐富，學員應該也吸收了不少。

最近我心血來潮，在我培訓的兩個班級中調查一下，前兩個鐘頭我講了《管理者每天精進一%的決策躍升思維》及《工作者每天精進一%的持續成長思維》這兩本書中的好些章節，問學員聽了之後有什麼收穫？誰知問了七、八個人，除了少數一、兩個認真做筆記的人之外，大家共同的反應，都是記得演講最後十到十五分鐘講的那一章，前一個半鐘頭講的內容幾乎沒有人記得。

這個發現給我不小的震撼，原來每個人的記憶力都是短暫的，我在台上講了很多，學員只吸收最後那一點，其他恐怕都忘記了。這不是很可惜嗎？

同時，正好我把過去寫的書籍內容錄製成影音。本來只是為了省力，讓我不需要重複講故事、解析觀念，只要放影片給大家看，看完討論就好。後來我又想，看影片畢竟不如真人互動，每支影片平均十二分鐘，連看三集搞不好大家都睡著了，就換一個方法，每看完一支，就停下來十分鐘讓學員寫心得報告。

我也替心得報告列出要項，包括：你聽到了什麼？最大的收穫是什麼？過去的迷思在哪裡？你未來想做什麼改變？並列出行動方案。學員每看一支影片，就寫一些心得，三部片子統統看完再討論。

這麼做之後，我發現不一樣了！因為要求寫心得，學員不得不認真看、認真想，他們對每一部片子的心得都寫得很好，知道自己過去缺少的是什麼，也寫下了個人要改變的行動方案。於是，學員們就能按照自己的需求，從三部片子裡面受到啟發，應用在自己的工作中，而且講得頭頭是道，不會讓記憶集中在最後一部片子，同時也輕鬆轉化為自己的行動方案，學習效果出奇地好。

啟發與迷思

我過去的迷思是，以為連續認真地講一、兩個鐘頭，大家就能吸收。我忽略了人類的記憶力有限，假如前面的內容沒有好好消化，後面的內容接著又來，很容易把前面的都忘光了。

對培訓的啟發則是，一段主題不要講太長，要配合適當的方法，讓學員反思、消化、用自己的話把感想說出來，內容才會真正變成他自己的東西，充分地吸收應用。

不要停留在鼓掌欣賞，將心得轉化為行動才有用

如果學員只是聽，會覺得自己只是聽我（講者）如何成功，聽見的都是「別人」的案例，最多拍拍手、鼓鼓掌、很欣賞，卻跟他們本身無關！

所以未來我進行培訓，每個段落要停下來，給學員留一點時間反思。**讀者讀一本書，每讀一章也需要停下來想一想，我過去犯了什麼錯誤？跟書中故事的主人翁有一樣的迷思嗎？書中的啟發對我有什麼意義？可以讓我寫出改變的行動方案嗎？**

這樣做，才是活用了書中的文章，不需要看很快，而是每一篇看了要有用。聽演講、看教學影片、讀雜誌、聽簡報、參訪別人的公司，道理都相同，**你聽的、看的是別人的故事，從他的故事中你體會到的心得，轉化而成的行動，才是你的！**

心得轉化為行動方案三步曲

無論去上課、閱讀、看教學影片，或是工作中接收到任何資訊或內容，我認為都有三步曲。寫出你最大的啟發與收穫，只是第一步；檢查自己的迷思及錯誤，是第二步；轉化為個人的行動方案則是第三步，必須要走到第三步，才是真正的收穫。

我表列如下，也請大家參閱第四百三十一頁的附錄表格，會更容易吸收：

第一步：了解內容在說些什麼，寫出最大的啟發與收穫。

第二步：檢查自己的迷思及錯誤。

第三步：思考自己可以做哪些改變，轉化為個人的行動方案。

人資要求寫心得，討論與工作相關的內容，效益最佳

現在很多線上學習都是播放影音，不受時間、空間的限制，還可以暫停甚至重播，無論同仁在北京、上海、深圳，或是台北、高雄都可以學習，就像把老師的分身請回家，非常方便。藉此，人資可以提出培訓計畫，要求各分公司主管帶領同仁看這些影音。看完以後，根據心得轉化為行動方案的三步曲來引導同仁思考，進行小組討論。

如此一來，主管的角色就成為引導者，不是講師，省去了備課的時間心力；而線上影音往往是企業家、專家、高階主管主講，內容也更精煉、更紮實。**跟內部講師培養困難相比，主管成為引導者相對容易，他所需要做的，只是根據影音內容，引導同仁討論出跟他們部門相關的內容，化為行動方案而已，可行性大為提升。**

尤其是看完影片，進入內部討論的階段時，因為所談的往往跟該部門的工作相關，討論起來會特別熱烈，學習效益最高。

就人資而言，不必硬性規定上課時間，省去約講師和學員時間的麻煩，也不用擔心同仁請假、出差而無法出席。只要規定各部門在某段期間內看完，要求他們討論後，將同仁的心得報告繳回，就能掌握培訓的品質，公司的學習風氣也隨之提倡起來。

高階參與經驗傳承教材製作，主管引導心得討論變容易

前面提過，線上影音可能包括外部講師或名師的授課。但**許多經驗牽涉專業，可能只有在你們公司內才有，外部講師幫不上忙，這時候可以請高階主管參與，製作專屬於公司的「經驗傳承教材」**，讓同仁觀看並進行討論。

我現在就扮演推手，既然擔任大聯大控股的永續長，經驗傳承又是永續的重要一環，我就開始邀請董事長、執行長，或是各集團的CEO、CXO錄製影音教材。我事前做功課擬定題綱，採訪他們，錄製後就能將影音發到集團各公司、各部門去播放，從此中階幹部多半不必自己當內部講師，而是自然成為引導者。

因為看完要寫心得，而且轉化為自己的行動，我們不必點名，也不用做測驗抽檢同仁有沒有看，同仁非得認真看不可，否則無法寫出有意義的心得。此外，**運用心得轉化為行動方案的三步曲來做培訓，也能提高同仁學習的積極度，他們發現看影片、寫心得對工作有幫助，實際用得上，就會更樂於參與。**

心得報告藏玄機，是考核重要資料

同仁看完教材影片，人資或主管回收心得之後，可以從中看出同仁的用心程度。如果發現寫得不錯，可以擇優表揚。主管也可以點評、批改，同仁發現自己的心得感想有人看，會更認真。

不要小看心得報告，從中可以看出同仁的學習能力、思考能力、轉化、歸納、邏輯能力，以及他的執行力等。因此各級主管或人資，都能以同仁在心得報告的表現，作為考核的重要資料。對於大公司，高階主管通常沒有時間跟各級幹部互動，**也能透過閱讀心得報告，快速掌握幹部的各項能力。**

從教材準備、錄製、推廣、主管引導、分組討論、心得撰寫，到最後的回收評量，建立**一條龍的流程，有助於人資與主管了解同仁的能力，進行考核，甚至對職務調動與安排進行評估。**

結論：心得轉化為行動方案三步曲，成為培訓考核關鍵

- 無論上課、閱讀、看教學影片，你接收的都是別人的故事，從他的故事中你體會到的心得，轉化而成的行動，才是你的！
- 心得轉化為行動方案三步曲：第一，寫出啟發與收穫；第二，檢查自己的迷思及錯誤；第三，思考可做哪些改變，轉化為個人行動方案。
- 跟內部講師培養困難相比，播放課程影片，主管成為引導者相對容易，可行性高。人資可以提出培訓計畫，要求回收心得即可。
- 許多經驗牽涉專業，只在公司內才有，可以請高階主管參與，製作專屬於公司的「經驗傳承教材」。
- 應用心得轉化為行動方案的三步曲來做培訓，能提高同仁學習的積極度，因為他們發現看影片、寫心得對工作有幫助，就會更樂於參與。
- 從教材準備、錄製、推廣、主管引導、分組討論、心得撰寫，到回收評量，一條龍的流程，有助於主管與人資了解同仁的各方面能力，進行考核。

附註：讀者若有興趣參考我的影音教材內容，可以進到智享會的官網，以及掃描條碼加入智享會Line好友，就能收到最新影音內容，一起學習。

網址：https://www.misaglobal.org

條碼：

採訪後記

正面思考，相信才會看見

李知昂

知昂很榮幸參與曾董事長前兩本書《管理者每天精進一%的決策躍升思維》及《工作者每天精進一%的持續成長思維》的寫作。「管理者」一書獲得經濟部中小企業處一一〇年度金書獎（經營管理類），是極大的鼓勵，感謝董事長讓我再度有機會參與這本《關鍵決勝力》的採訪整理工作。

這本新書給我的啟發，寥寥數語難以道盡。我想舉出本書第二章〈選才是主管CP值最高的工作，設法讓應徵者選擇你！〉、〈育才須重視機會教育與內外訓，給予舞台、授權並容錯〉這兩篇文章，對我個人的工作優先順序產生很大影響。尤其聽到董事長為了培訓幹部而花時間，在對外簡報的前、中、後，一次次陪著屬下修正與檢討，更深刻感覺到「決勝力」的產生，往往是高度耐心與許多對細節的堅持累積而成。

寫作時，還有一段非常有趣的經驗。我的演講授課經驗約百場，無法與董事長相提並論，卻在本書一篇文章的撰寫中，與董事長一起恍然大悟，大嘆過去怎麼沒想到？「可能我們努力講了一、兩個鐘頭，除了少數認真做筆記者，多數聽眾只記得最後一段，因為人的記憶很短暫」！這問題如何解決？如果各位讀到這裡，一定已經知道答案了！

我的孩子剛滿兩歲，回顧本書的寫作歷程，是在下班與假日，家務和育兒的空檔中，帶著跟千億董座學本事的心情，採訪、消化、完成一篇篇文字。除了要特別感謝董事長的指導，與內人奕君百分百的支持外，知昂不禁想起書中的一篇文章「成功者善用正面思考力量」，從達成電台的任務目標，到本書的成書都是如此，帶著信心找方法，最終柳暗花明。就像聖經的話「信，是對所盼望的事有把握，對看不見的事有確據。」換句話說，正如董事長引用的名言，**「相信才會看見！」（Believing is seeing!）**

祝福您閱讀本書，收穫滿滿！

附錄 「心得轉換為行動方案」表

範例：

文章編號50：心得轉換為行動方案三步曲，塑造學習型組織有方法	
一、最大啟發及收穫	1. 體悟到培訓及培養內部講師的困難度，但可以有解方。 2. 正確的讀書方法，可以獲得更大效益，不是讀死書。 3. 人資有方法執行培訓計劃，同時主管可以當引導者。 4. 心得報告是各項能力的綜合表現，也是考核的重要資訊。 5. 將心得轉化為行動才有真正效益。
二、過去的迷思及錯誤	1. 以為學員、同仁吸收很多，忽略其實大都是短暫記憶。 2. 以為學員、同仁會自動自發閱讀文章或觀看教學影片，忽略人性的惰性及被動性。 3. 沒想過將心得轉化為行動，通常只覺得很有道理，停留在拍拍手、鼓掌的階段。
三、未來想改變的行動	1. 不急著很快看完一本書，每看完一個段落，就要吸收消化，練習寫出心得，包括行動方案。 2. 要求人資編預算，購買不同階層的教材，落實育才工作。 3. 要求主管帶動學習風氣，扮演好引導者角色，將學習轉為與工作相關的行動。 4. 定期檢視心得報告，了解員工各項能力，並表揚心得報告優秀同仁。 5. 擬訂採訪大綱，將公司主管的經營智慧數位化，分享給同仁。

新商業周刊叢書BW0800C

關鍵決勝力
董事長給職場人的50個管理思維與工作眉角

原著．口述／曾國棟
採訪整理／李知昂
責任編輯／鄭凱達
版　　權／吳亭儀
行銷業務／周佑潔、林秀津、黃崇華、賴正祐

總　編　輯／陳美靜
總　經　理／彭之琬
事業群總經理／黃淑貞
發　行　人／何飛鵬
法律顧問／台英國際商務法律事務所　羅明通律師
出　　版／商周出版
臺北市104民生東路二段141號9樓
電話：(02) 2500-7008　傳真：(02) 2500-7759
E-mail: bwp.service @ cite.com.tw
發　　行／英屬蓋曼群島商家庭傳媒股份有限公司　城邦分公司
臺北市104民生東路二段141號2樓
讀者服務專線：0800-020-299　24小時傳真服務：(02) 2517-0999
讀者服務信箱E-mail: cs@cite.com.tw
劃撥帳號：19833503　戶名：英屬蓋曼群島商家庭傳媒股份有限公司城邦分公司
訂購服務／書虫股份有限公司客服專線：(02) 2500-7718；2500-7719
服務時間：週一至週五上午09:30-12:00；下午13:30-17:00
24小時傳真專線：(02) 2500-1990；2500-1991
劃撥帳號：19863813　戶名：書虫股份有限公司
E-mail: service@readingclub.com.tw
香港發行所／城邦（香港）出版集團有限公司
香港灣仔駱克道193號東超商業中心1樓
電話：(852) 2508-6231　傳真：(852) 2578-9337
馬新發行所／城邦（馬新）出版集團
Cite (M) Sdn. Bhd.
41, Jalan Radin Anum, Bandar Baru Sri Petaling, 57000 Kuala Lumpur, Malaysia.
電話：(603) 9057-8822　傳真：(603) 9057-6622　E-mail: cite@cite.com.my

封面設計／FE設計．葉馥儀
印　　刷／鴻霖印刷傳媒股份有限公司
經　銷　商／聯合發行股份有限公司　電話：(02) 2917-8022　傳真：(02) 2911-0053
地址：新北市新店區寶橋路235巷6弄6號2樓

■2022年4月7日初版1刷
■2023年10月27日初版4.4刷
Printed in Taiwan

定價550元
ISBN：978-626-318-187-8（紙本）　ISBN：978-626-318-191-5（EPUB）

國家圖書館出版品預行編目（CIP）資料

關鍵決勝力：董事長給職場人的50個管理思維與工作眉角／曾國棟原著. 口述；李知昂採訪整理. -- 初版. -- 臺北市：商周出版：英屬蓋曼群島商家庭傳媒股份有限公司城邦分公司發行, 2022.04
面；　公分. --（新商業周刊叢書；BW0800C）
ISBN 978-626-318-187-8（精裝）

1.CST: 企業管理　2.CST: 組織管理
3.CST: 職場成功法

494.1　　111002076

線上版讀者回函卡

城邦讀書花園
www.cite.com.tw